TRW Thompson GmbH & Co. KG
Postfach 1111
D-3013 Barsinghausen

Ursprünglich veröffentlicht in der Reihe „Technische leergangen"
unter dem Titel „Kleppen. Schades en hun oorzaken"
von Educatieve en technische uitgeverij DELTA PRESS BV,
Overberg, gem. Amerongen, Niederlande.

© 1989 by Educatieve en technische uitgeverij DELTA PRESS BV,
Overberg, gem. Amerongen, Niederlande

Deutsche Übersetzung:
unitext® GmbH, Berlin

Alle Rechte vorbehalten
© Friedr. Vieweg & Sohn Verlagsgesellschaft mbH,
Softcover reprint of the hardcover 1st edition 1992
Braunschweig / Wiesbaden, 1992

Der Verlag Vieweg ist ein Unternehmen der Verlagsgruppe
Bertelsmann International.

Das Werk und alle seine Teile sind urheberrechtlich geschützt. Jede Verwertung in anderen als den gesetzlich zugelassenen Fällen bedarf deshalb der schriftlichen Einwilligung des Verlages.

Satz, Druck und buchbinderische Verarbeitung:
Lengericher Handelsdruckerei, Lengerich
Gedruckt auf säurefreiem Papier

ISBN-13: 978-3-528-04836-5   e-ISBN-13: 978-3-322-86808-4
DOI: 10.1007/978-3-322-86808-4

Ventile
Schäden und ihre Ursachen

1976 wurde von TRW Thompson die erste Broschüre „Ventilschäden und ihre Ursachen" zusammengestellt. Der vorliegende Lehrgang beruht auf der letzten Auflage.

Durch steigende Motorenleistungen, strengere Umweltvorschriften für Motoren und verringerten Kraftstoffverbrauch müssen Ventile immer höheren Ansprüchen genügen. Dazu mußten andere Herstellungsverfahren und andere Werkstoffe eingesetzt werden.

Trotz der sehr hohen Qualitätsanforderungen können Ventilschäden auftreten. Für den Konstrukteur und Monteur ist es daher sehr wichtig, Schadensbilder erkennen zu können und mit deren Ursachen vertraut zu sein, um Wiederholungen auszuschließen.

Dazu verfügt TRW Thompson über ein umfangreiches Bildmaterial von Ventilschäden, deren Ursachen zum großen Teil im vorliegenden Lehrgang beschrieben werden.

Inhalt

Allgemeines   **3**

1	**Thermische oder mechanische Überbelastung**	**5**
1.1	Durchgezogener Ventilteller	5
1.2	Heißkorrosion in der Hohlkehle	5
1.3	Gefügeveränderung im Tellerbereich	6
1.4	Korrosionsnarben	7
1.5	Interkristalline Korrosion	7
2	**Kraftstoff- bzw. Schmieröleinfluß**	**9**
2.1	„Pflasterstein"-Korrosion	10
2.2	Ablagerungen	11
2.3	Einfluß des Eisengehalts der Sitzpanzerung	11
2.4	Schwefelanteil im Kraftstoff	12
3	**Abreißen von Ventilen**	**13**
3.1	Anrisse an der Oberfläche	13
3.2	Dauerbrüche am Übergang Schaft/Hohlkehle	14
3.3	Durchbrennen von Hohlventilen	15
4	**Störung im Ventiltrieb**	**16**
4.1	Einseitige Beaufschlagung des Kipphebels	16
4.2	Zu enge Ventilführung	16
4.3	Zu weite Ventilführung	16
4.4	Fluchtfehler	17
4.5	Zu hoher Ferritgehalt in der Ventilführung aus Gußeisen mit Lamellengraphit (GGL)	18
4.6	Ventil dreht sich nicht	18
4.7	Ventil hat stark gedreht	19
5	**Schließfehler**	**20**
5.1	Ventilspiel zu groß	20
5.2	Ventilspiel zu klein	20
5.3	Sitzringverzug	20
5.4	Exzentrizität zwischen Ventilsitzring und Ventilführung	20
6	**Falsche Werkstoffauswahl**	**21**
6.1	Ventilstahl ist mechanisch überbeansprucht	21
6.2	Ventilstahl ist den thermischen Beanspruchungen nicht gewachsen	21
6.3	Ventilstahl ist nicht genügend korrosionsbeständig	21
6.4	Aufschweißwerkstoff hält den Beanspruchungen nicht stand	21
7	**Einbaufehler**	**22**
7.1	Falsches Ventilspiel	22
7.2	Außermittige Kennzeichen des Ventiltellers	22
8	**Konstruktionsfehler**	**23**
8.1	Ungünstige Gestaltung des Ventiltellers	23
8.2	Ungünstige Ausbildung der Schaftendenbefestigung	24
8.3	Ungünstiger Auslauf der Verchromung am Schaft	24
9	**Herstellungsfehler**	**25**
9.1	Überhitzung beim Schmieden	25
9.2	Reibschweißen	25
9.3	Fehlerhafte Panzerung	27
9.4	Schaftendenpanzerung austenitischer Ventile	28
9.5	Fehlerhafte Schaftendenhärtung	28
9.6	Rilleneinstichhärtung	29
9.7	Bearbeitung	29
9.8	Fehlerhafte Verchromung	30
9.9	Zu geringe Wandstärke bei Hohlventilen	31
9.10	Drehriefen im Stopfen bei Hohlventilen	32
9.11	Fehlerhafte Stopfenschweißung bei Hohlventilen	32
9.12	Fehlerhafte Wärmebehandlung	32
10	**Materialfehler**	**34**
10.1	Schlechter Reinheitsgrad	34
10.2	Innere Anrisse	35
10.3	Kernfehler	35
10.4	Kernseigerungen	36
10.5	Oberflächenfehler	37
10.6	Mangelhafte Gefügeausbildung	37
11	**Schlußwort**	**39**

Allgemeines

Ein- und Auslaßventile sind Präzisionsteile, die den Verbrennungsraum abdichten und den Gaswechsel im Motor steuern. Betriebstemperaturen bis etwa 650°C sind bei Einlaßventilen keine Seltenheit. Auslaßventile, die höheren Belastungen ausgesetzt sind, werden dagegen oft bis über 800°C erhitzt. Während Einlaßventile hauptsächlich mechanischen Beanspruchungen unterliegen, sind Auslaßventile noch zusätzlich thermischen und chemischen Belastungen (Korrosion) ausgesetzt.

Über die Höhe der Ventilbeanspruchung gibt es bei weitem keine einheitlichen Werte oder Aussagen. Sie wird in erster Linie durch die Konstruktion und die Betriebsbedingungen des jeweiligen Motors bestimmt. In gewissem Umfang kann der Belastung des Ventilkegels durch geeignete Werkstoffauswahl sowie durch konstruktive Gestaltung Rechnung getragen werden. Dabei sind dem Ventilhersteller bestimmte Grenzen gesetzt. So spielt die Werkstoffauswahl eine wichtige Rolle. Nur der Motorenhersteller kann festlegen, welcher Preis noch vertretbar ist. Maßnahmen, die die Ventilabmessung und -formgebung betreffen, müssen mit dem Motorenkonstrukteur abgestimmt werden.

Ventilhersteller und Motorenhersteller sind sich sehr wohl der Tatsache bewußt, daß die Lebensdauer eines Ventilkegels hauptsächlich von seiner Werkstoffqualität abhängt. Sie werden deshalb alle Maßnahmen vermeiden, die negative Auswirkungen auf die Qualität haben könnten. Im Gegenteil, Qualitätsverbesserungen an Ventilkegeln sind notwendige Vorbedingungen, die sich aus den höheren Leistungen von Motoren ergeben.

Wie bei allen hochbelasteten Präzisionsteilen können auch bei Ventilen viele Faktoren die Ursache für einen Ausfall sein.
In den letzten Jahren sind durch die Leistungssteigerung der verschiedensten Motoren die Anforderungen an Ein- und Auslaßventile erheblich gestiegen. Um diesen Anforderungen zu gerecht zu werden, mußten Verbesserungen vorgenommen werden. Diese Verbesserungen betrafen sowohl den Werkstoff als auch die Konstruktion von Ventilen. Gleichzeitig wurden auch ständig strengere Qualitätsmaßstäbe angelegt, die für den Ventilhersteller eine Herausforderung darstellten. Aufgrund der vielen unterschiedlichen Einflüsse, die bei Ventilschäden eine Rolle spielen, sind trotz aller qualitätssichernden Maßnahmen Ventilausfälle nicht vermeidbar.

1976 wurde von TRW Thompson die erste Broschüre „Ventilschäden und ihre Ursachen" herausgegeben.

In den bisher drei Auflagen von „Ventilschäden und ihre Ursachen" wurde eine Reihe typischer Schadensfälle aufgezeigt. Bei diesen Ventilschäden ermittelte man die Ursachen ausschließlich durch makroskopische und mikroskopische Untersuchungen. (Makroskopisch bedeutet mit dem bloßen Auge wahrnehmbar, mikroskopisch heißt nur mit einem Vergrößerungsgerät erkennbar.) Durch den Einsatz eines Rasterelektronenmikroskops (REM) und der energiedispersiven Röntgenmikroanalyse (EDX) wurden auch solche Untersuchungen möglich, die bisher mit lichtoptischen Mitteln nicht befriedigend durchgeführt werden konnten. Beim REM werden Elektronenbündel anstelle von Licht zur Untersuchung der Werkstoffoberfläche genutzt.

Bei der EDX-Untersuchung werden Röntgenstrahlen verwendet, mit denen kontrastreiche Aufnahmen der Oberfläche möglich werden. Durch EDX-Analyse kann man auch Elemente ermitteln, die maßgeblich an den verschiedenen Korrosionsmechanismen beteiligt sind.
Über den Zeitraum von 22 Jahren wurden alle Ventiluntersuchungen statistisch ausgewertet. Neben reinen Schadensfällen enthält die Statistik auch Vergleichsuntersuchungen, die einen relativ breiten Raum einnehmen.

In der nachfolgenden Tabelle sind die ermittelten Ergebnisse wiedergegeben:

Ausfallursache bzw. Untersuchungsbereich	Anteile in %
1. Herstellungsfehler	22,08
2. Thermische oder mechanische Überbelastung	17,33
3. Falsche Werkstoffauswahl	6,45
4. Störung im Ventiltrieb	5,99
5. Extreme Korrosion	5,00
6. Einbaufehler	4,62
7. Folgeschaden	4,23
8. Fehlerhafte Ventilführung	4,62
9. Falsches Ventilspiel	3,18
10. Konstruktionsfehler	3,10
11. Schließfehler	2,72
12. Materialfehler	2,70
13. Ungeeigneter Kraftstoff	0,75
14. Vergleichsuntersuchungen	17,23
	100,00

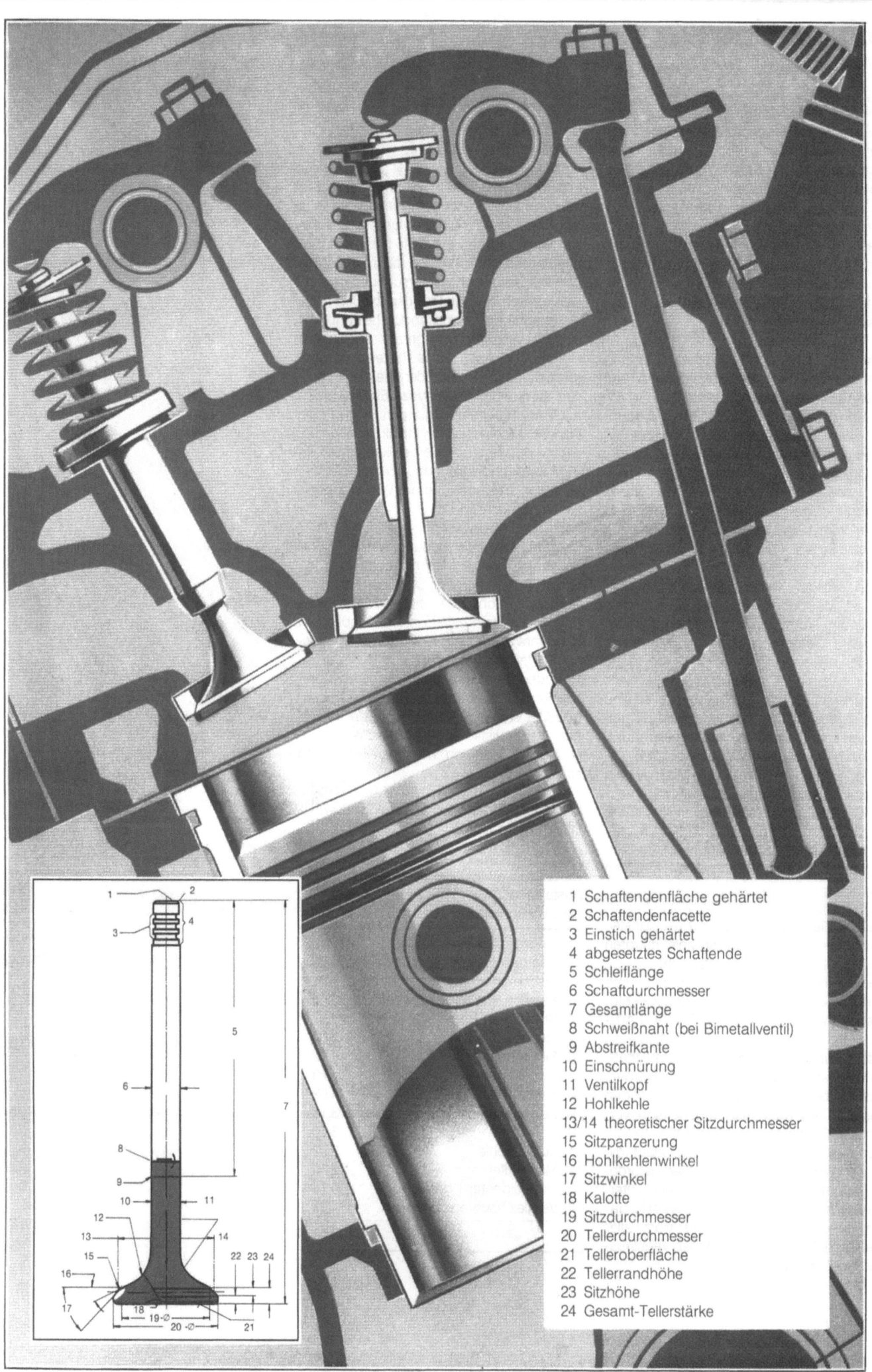

1 Thermische oder mechanische Überbelastung

1.1 Durchgezogener Ventilteller

Für hoch beanspruchte Auslaßventile werden seit einigen Jahren Stähle eingesetzt, die sich durch hohe Warmfestigkeit und Korrosionsbeständigkeit gegen Bleiverbindungen auszeichnen. Ab und zu kann es dennoch bei Auslaßventilen zu Ventilschäden kommen, die durch thermische oder mechanische Überbelastungen hervorgerufen werden. Bei den weniger beanspruchten Einlaßventilen werden dagegen vorwiegend mechanische Überbelastungen festgestellt.

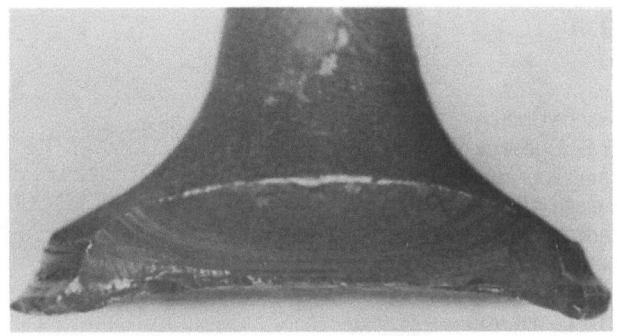

Bild 1.1 Ventiltellerbruch durch thermische Überbelastung

Berechnungsgrundlage des Motorenkonstrukteurs bei der Werkstoffauswahl für Ventile ist die Streckgrenze bei Höchsttemperatur. Theoretisch darf diese Streckgrenze des Ventilstahls nicht überschritten werden. Wird sie im Betrieb dennoch überschritten, so ist eine Ventilverformung unvermeidbar und ein Schaden nicht ausgeschlossen.

Sichtbarer Beweis für das Überschreiten der Streckgrenze ist ein durchgezogener Ventilteller. In Bild 1.1 sind die charakteristischen Merkmale dieses Schadensfalles zu sehen. Das Profil eines solchen Ventiltellers (Bild 1.2) zeigt im Schnitt die Tellerverformung.

1.2 Heißkorrosion in der Hohlkehle

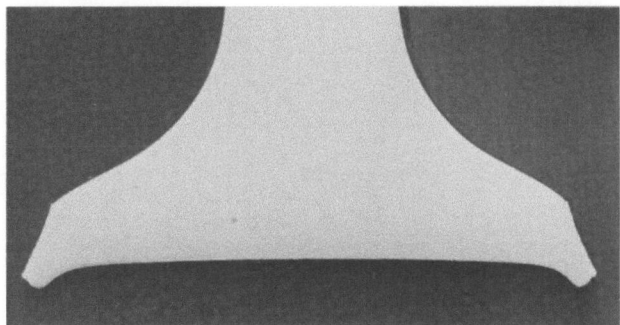

Bild 1.2 Verformung eines Ventiltellers nach Überschreiten der Streckgrenze

Durch die Einwirkung heißer Abgase können korrosionschemische Angriffe im Verbrennungsraum eine Schädigung der Ventilhohlkehle zur Folge haben (Bild 1.3). In Extremfällen kann eine solche Korrosion zusammen mit mechanischer Belastung zur Querschnittsverminderung im Übergangsbereich zwischen Schaft und Hohlkehle (Bild 1.4) führen. Der Bruch des Ventils ist dann nur noch eine Frage der Zeit.

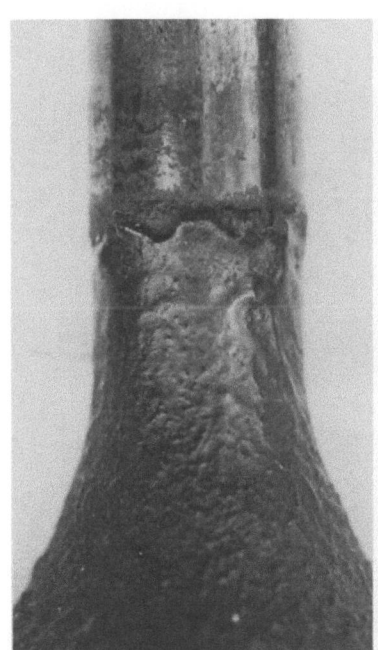

Bild 1.3 Schädigung des Ventilhohlkehlenbereichs durch korrosionschemischen Angriff im Verbrennungsraum

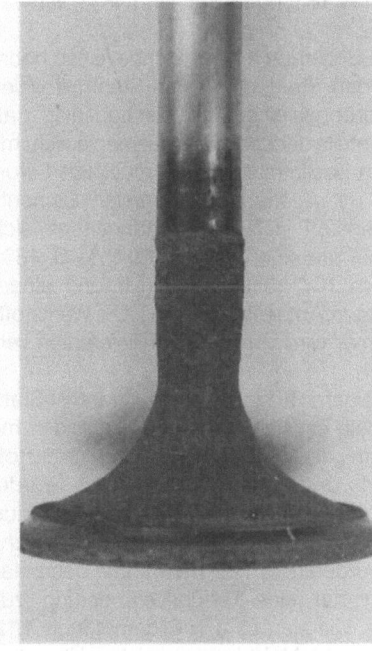

Bild 1.4 Mechanisch stark belastetes Ventil mit Querschnittsverminderung im Übergangsbereich Schaft/Hohlkehle

1.3 Gefügeveränderung im Tellerbereich

In vielen Fällen hat eine thermische Überbelastung eine Veränderung der Gefügestruktur zur Folge, die sich durch metallographische Untersuchungen nachweisen läßt. Die Art dieser Veränderung ist stark vom Werkstoff abhängig; sie ist mit einem mehr oder weniger großen Rückgang der Werkstofffestigkeit verbunden. In Bild 1.5 ist der von der Hohlkehle ausgehende Dauerbruch eines Auslaßventils dargestellt.
Im thermisch überbeanspruchten Bereich sind Gefügeanomalien erkennbar, die den Werkstoff versprödeten. Bild 1.7 zeigt das

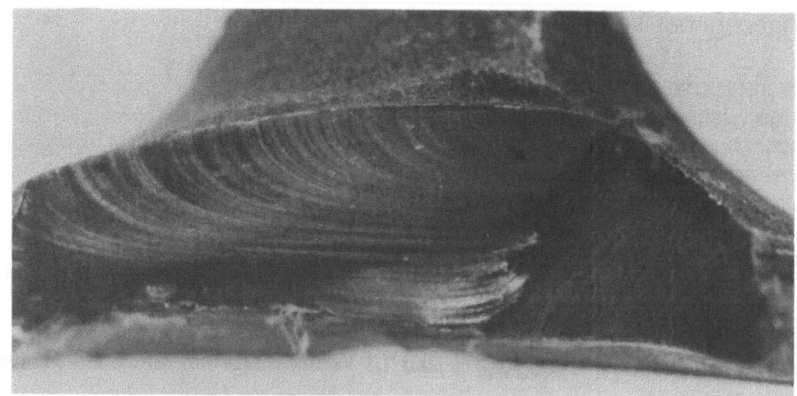

Bild 1.5 Von der Hohlkehle ausgehender Dauerbruch

0,05 mm

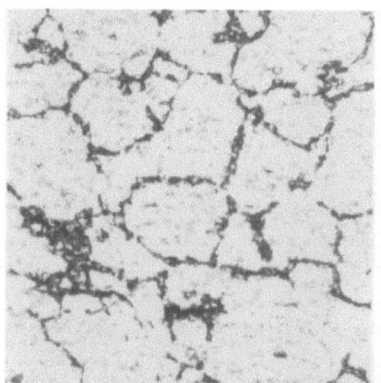

Bild 1.6 Gefügeveränderungen, die zur Werkstoffversprödung führen

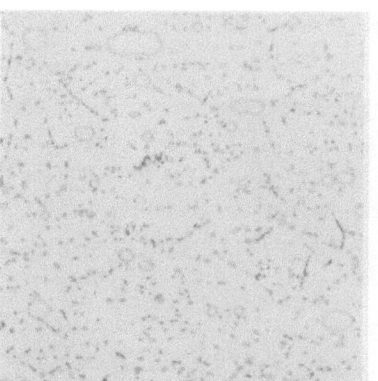

Bild 1.7 Struktur eines thermisch unbeeinflußten Werkstoffgefüges

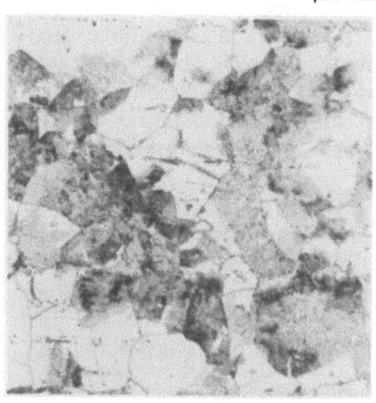

Bild 1.8 Gefügeveränderungen von austenitischem CrMnNiN-Stahl im wärmebehandelten Zustand infolge thermischer Überbelastung

thermisch unbeeinflußte Gefüge des gleichen Ventils. Hier wurde der Ventilstahl X 45 Cr Ni W 18 9 (Werkstoff-Nr. 1.4873) verwendet.
Der Buchstabe X kennzeichnet einen hochlegierten Stahl, d. h. einen Stahl mit vielen Legierungselementen. Das bedeutet, daß die Anteile der Legierungselemente nicht mit einem bestimmten Faktor multipliziert wurden, mit Ausnahme des ersten Elements Kohlenstoff (C). Daher handelt es sich hierbei um einen Stahl mit 0,45% C, 18% Chrom (Cr), 9% Nickel (Ni) und einem geringen Anteil Wolfram (W). Die Werkstoffnummer wird von den Stahllieferanten vergeben.
Bei einem austenitischen CrMnNiN-Stahl handelt es sich um einen Stahl, der mit Chrom, Mangan, Nickel und Stickstoff legiert und über 723°C erhitzt wurde. Dadurch bildeten sich Mischkristalle aus Ferrit und Zementit, die als Austenit bezeichnet werden (Bild 1.8). Thermische Überbelastung hat eine Gefügeveränderung zur Folge, wie sie aus den Bildern 1.9 bis 1.12 hervorgeht. Meist ist eine solche „Überalterung" mit einer mehr oder weniger starken Versprödung verbunden.

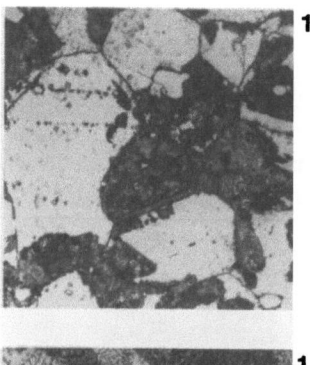

1.9

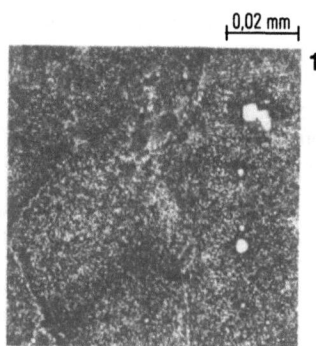

0,02 mm

1.10

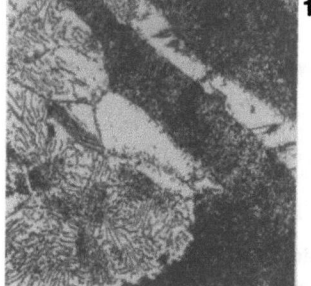

1.11

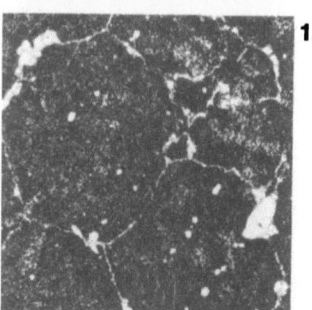

1.12

Bilder 1.9 bis 1.12 Thermische Überbelastung mit teilweise starker Werkstoffversprödung

1.4 Korrosionsnarben

Heiße Abgase bewirken eine Oberflächenkorrosion an Auslaßventilen, die aber durch geeignete Werkstoffauswahl begrenzt werden kann. Durch den Einfluß von Bleitetraäthyl im Vergaserkraftstoff kann der Korrosionsangriff erheblich verstärkt werden. Deshalb empfiehlt TRW Thompson bei thermisch und korrosionschemisch hoch belasteten Auslaßventilen den Einsatz solcher Werkstoffe, die eine hohe Beständigkeit gegen Bleioxid aufweisen. In Bild 1.13 ist der Korrosionsangriff am Sitz eines Auslaßventiles gezeigt. Ein solcher Angriff kann bereits nach kurzer Zeit zum Durchbrennen des Ventilsitzes führen. Eine weitere Korrosionsart, die ebenfalls zum Ventilausfall führen kann, wurde im Hohlkehlenbereich beobachtet (Bilder 1.14 bis 1.16). In Verbindung mit der mechanischen Belastung können vom Narbengrund ausgehende Risse auftreten und einen Dauerbruch zur Folge haben.

Bild 1.13 Korrosionsnarben am Ventilsitz

Häufig kommt es zu Wechselwirkungen zwischen thermischen und heißkorrosionschemischen Einflüssen. Eine genaue Bestimmung der Ursache ist daher oft sehr schwierig.

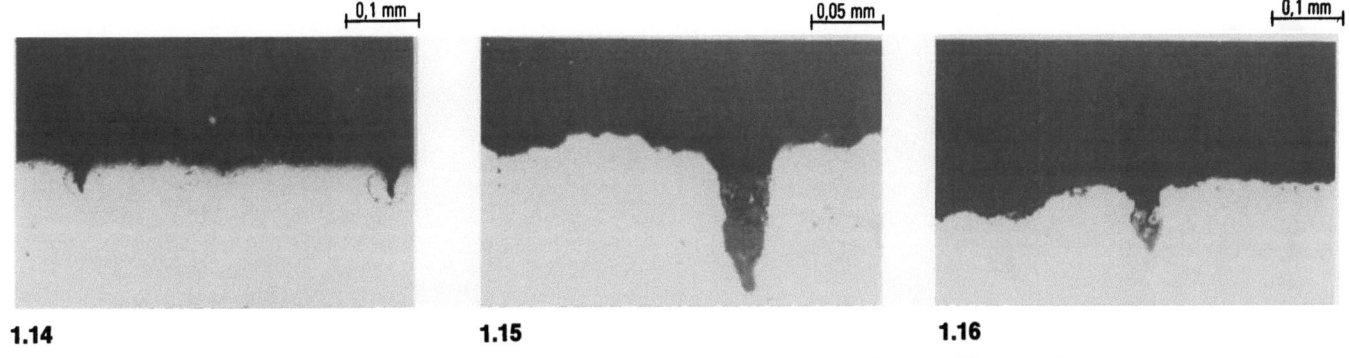

1.14   1.15   1.16

Bilder 1.14 bis 1.16 Korrosionsnarben im Hohlkehlenbereich können auch Ursache von Rissen sein

1.5 Interkristalline Korrosion

Bei einem Schadensfall waren Tellerrandbrüche aufgetreten, die auf den ersten Blick als Folge einer mechanischen Überbeanspruchung angesehen wurden. Bild 1.17 zeigt die Tellerrandbruchfläche. Bei höherer Auflösung im REM wurden im Randbereich Anrisse sichtbar (Bild 1.18). Durch metallographische Untersuchung konnte in diesem Fall nachgewiesen werden, daß von der Randzone eine deutliche interkristalline Korrosion ausgeht (Bilder 1.19 und 1.20). Bei der interkristallinen Korrosion handelt es sich um einen Angriff auf die Grenzen zwischen den Kristallen, aus denen das Metall aufgebaut ist. So ist gut erklärbar, daß die Kerbwirkung, die von der Lockerung der Kristalle ausgeht, weitere Anrisse verursachte, die schließlich zum Bruch führen mußten.

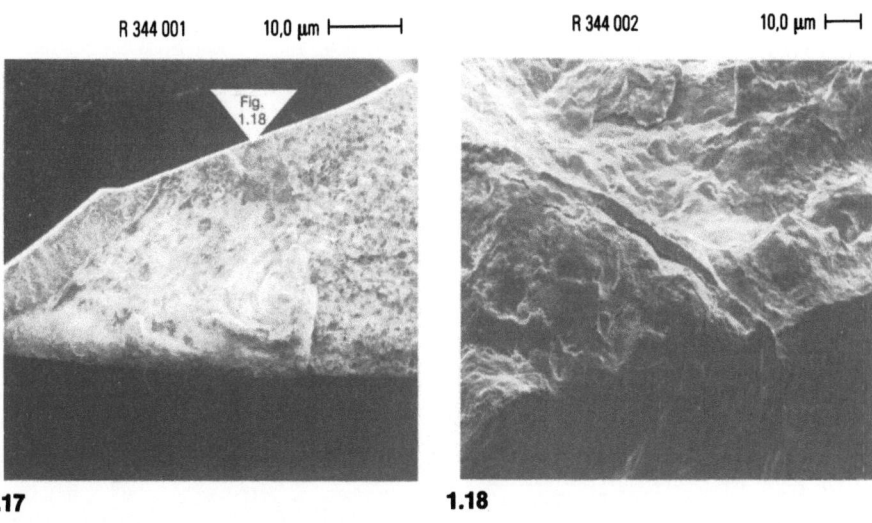

1.17   1.18

Bilder 1.17 und 1.18 Bruch eines Ventiltellerrands durch Kerbwirkung in Verbindung mit interkristalliner Korrosion

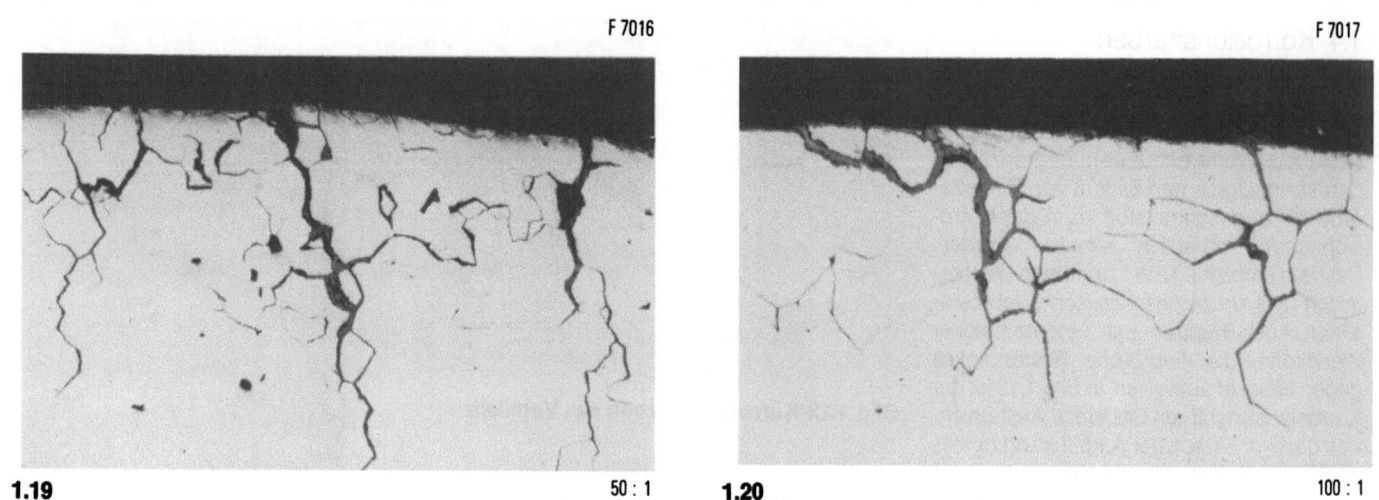

Bilder 1.19 und 1.20 Interkristalline Korrosion mit Anrissen im Randzonenbereich

2 Kraftstoff- bzw. Schmieröleinfluß

Die Verwendung schwefelhaltiger Kraft- bzw. Schmierstoffe kann ebenfalls Schäden auslösen. So ist z. B. Lochfraß in der Ventilführung aus Gußeisen mit Lamellengraphit (GGL) nicht selten. Bild 2.1 zeigt einen typischen Fall. Die hierbei festgestellte Korrosion am Ventil geht aus Bild 2.2 hervor. Die durch Korrosion verursachte Kerbwirkung hatte Anrisse zur Folge (Bild 2.3), die schließlich den Bruch auslösten.

Bei Ventilen, die in Schiffsdieselmotoren eingesetzt werden, können unter bestimmten Voraussetzungen erhebliche Korrosionsschäden auftreten. Hierbei spielen Chloride, wie sie in der Seeluft unvermeidlich sind, eine nicht unbedeutende Rolle. Chloride vermögen sowohl mit oxydischen Deckschichten als auch mit den Legierungselementen zu reagieren. Man unterscheidet zwei Reaktionsarten:
1. Chemische Transportreaktionen, die hauptsächlich zu Umkristallisationen und damit zu Auflockerungen von schützendem Deckzunder führen. Diese Reaktion dient als „Schrittmacher" für die Korrosion durch andere Medien (z. B. Sulfat). Bereits geringe Chloridmengen setzen deren Funktionsperiode beträchtlich herab.
2. Reaktionen, die aus thermodynamischen oder kinetischen Gründen nur in einer Richtung und zur Bildung flüchtiger Produkte führen. Auf diese Weise können ebenfalls Deckschichten angegriffen werden (FVV-Forschungsbericht, Heft 129/1972, Seite 56/57).

Einige im Schmieröl enthaltene Additive (chemische Zusatzstoffe) können die Korrosion der Ventile begünstigen. Bereits nach 20 h Laufzeit bei Vollast wurden bei einem Einlaßventil im Hohlkehlenbereich die Elemente Schwefel (S), Phosphor (P), Calcium (Ca) und Zink (Zn) durch EDX-Analyse nachgewiesen. Der Sitzbereich war außer einem gewissen Verschleiß noch durchaus normal anzusehen (Bild 2.4). Nach 178 h Vollast ist der Sitz, wie Bild 2.5 zeigt, aber bereits deutlich geschädigt. Die Ablagerungen auf dem Sitz enthalten auch hier S, P, Ca und Zn. Das Auslaßventil aus dem gleichen Zylinder zeigt nach 178 h Vollast einen angegriffenen Sitz, wie er aus Bild 2.6 hervorgeht. In dem mit A gekennzeichneten Bereich liegt bereits ein deutlicher Korrosionsangriff vor (Bild 2.7). Auch hier wurde durch EDX-Analyse wiederum S, P, Ca und Zn nachgewiesen. Eine Ausschnittsvergrößerung aus Bild 2.7 ist in Bild 2.8 wiedergegeben. Hier wird die Charakteristik der Korrosion besonders deutlich.

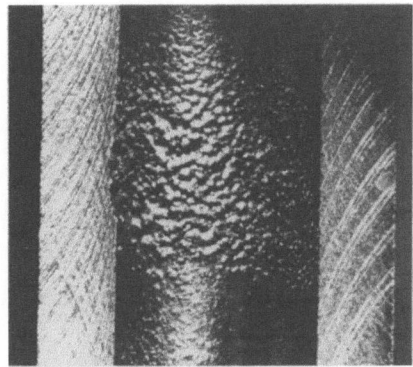

Bild 2.1 Lochfraßkorrosion in der Bohrung einer Ventilführung aus Gußeisen mit Lamellengraphit (GGL)

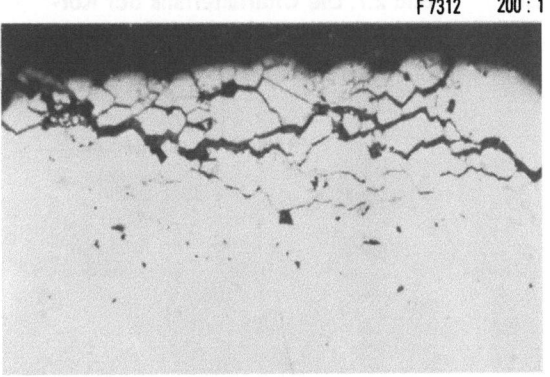

Bild 2.2 Korrosion im Randzonenbereich der Bohrung einer GGL-Ventilführung

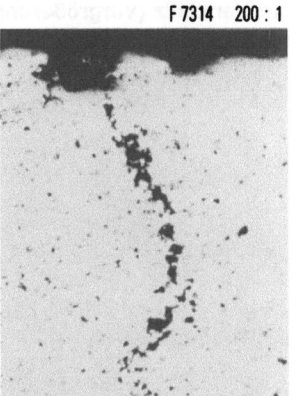

Bild 2.3 Durch Korrosion ausgelöster Anriß im Bohrungsbereich einer Ventilführung

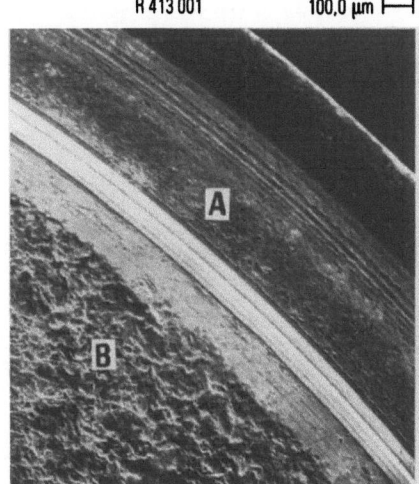

Bild 2.4 Sitzbereich eines Einlaßventils nach 20 h Vollast

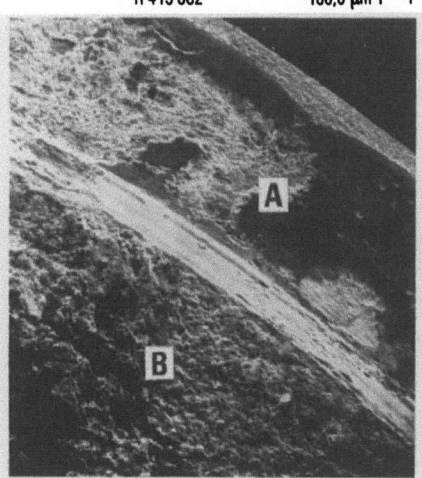

Bild 2.5 Schädigung des Sitzbereichs eines Einlaßventils nach 178 h Vollast

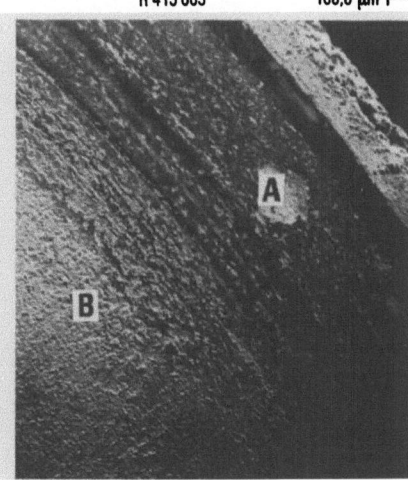

Bild 2.6 Sitzbereich eines Auslaßventils nach 178 h Vollast

2.1 „Pflasterstein"-Korrosion

Durch eine Panzerung der Ventilsitze kann in den meisten Fällen eine Sitzkorrosion bzw. Verbrennen verhindert oder zumindest weitgehend verzögert werden. An einem ungepanzerten Ventilsitz kann eine Heißkorrosion in Verbindung mit einer gestörten Abdichtung zu einem Schaden führen, wie er in Bild 2.9 veranschaulicht ist. Hier handelt es sich um eine sogenannte „Pflasterstein"-Korrosion, siehe auch Bild 2.10. Häufig steht diese Korrosionsart direkt mit einer interkristallinen Korrosion in Zusammenhang (Bilder 2.11 und 2.12). Durch energiedispersive Mikroanalyse konnten die Elemente Schwefel (S), Calcium (Ca), Phosphor (P), Zink (Zn) und Vanadium (V) nachgewiesen werden, die aus dem Schweröl bzw. als Additive aus dem Schmieröl stammen. Ein typischer Korrosionsschaden im Anfangsstadium an einem ungepanzerten Ventilsitz geht aus Bild 2.13 hervor. Die EDX-Flächenanalyse aus Bild 2.13 läßt besonders die Elemente P, S, Ca und Zn erkennen. Bild 2.14 zeigt den markierten Bereich des Ventilsitzes in höherer Auflösung. Bei der Flächenanalyse aus Bild 2.14 überwiegen die werkstoffspezifischen Elemente Silicium (Si), Chrom (Cr) und Mangan (Mn); die Elemente Phosphor (P), Schwefel (S) und Zink (Zn) sind auch hier vorhanden. Bild 2.15 läßt die auf dem Ventilsitz vorhandenen Ablagerungen erkennen. Zum Teil sind diese bereits abgeplatzt (Bild 2.16). Der darunter liegende austenitische Grundwerkstoff ist durch Anrisse interkristalliner Lockerungen bereits geschädigt.

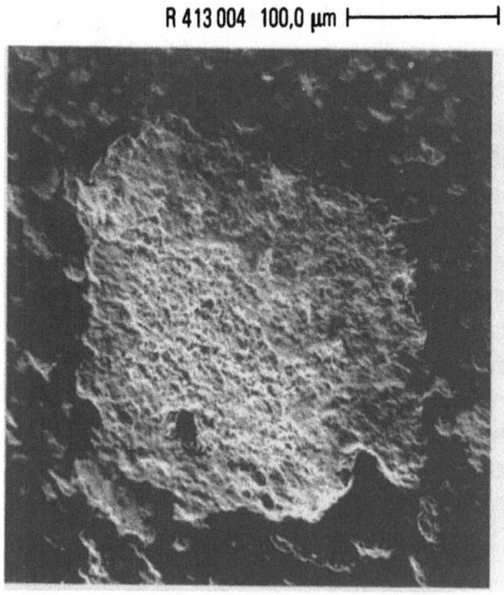

Bild 2.7 Örtlicher Korrosionsangriff am Ventilsitz (Vergrößerung des Bereichs A im Bild 2.6)

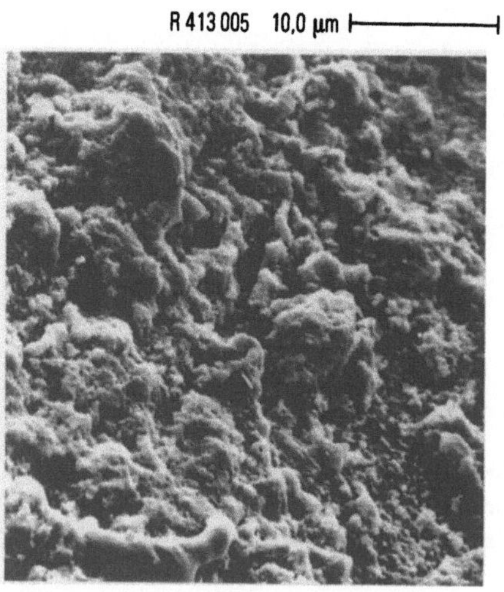

Bild 2.8 Ausschnittvergrößerung aus Bild 2.7. Die Charakteristik der Korrosion ist hier sehr deutlich zu erkennen

Bild 2.9 Örtlich verbrannter Ventilsitz mit „Pflasterstein"-Korrosion

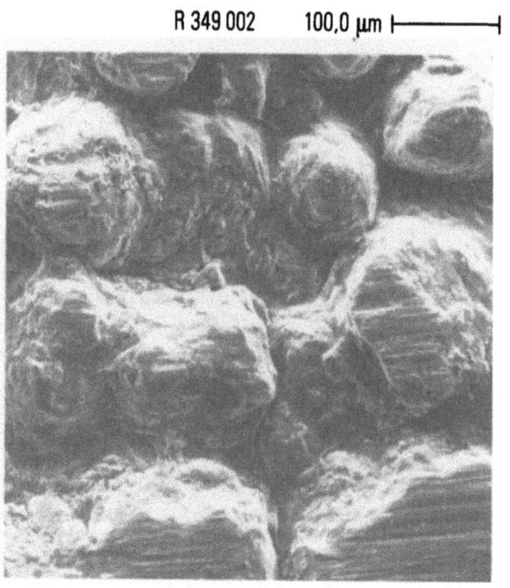

Bild 2.10 „Pflasterstein"-Korrosion

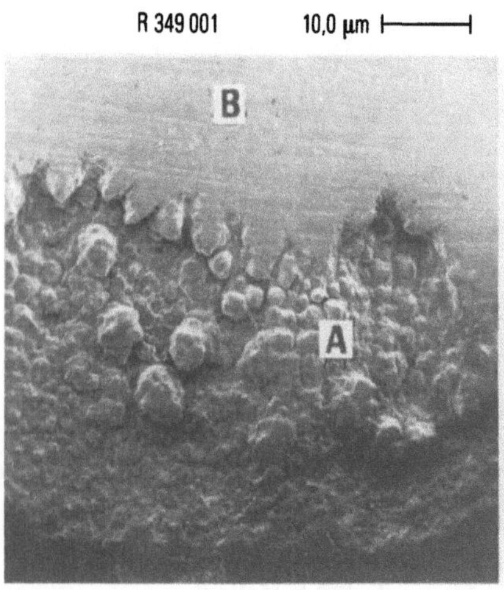

2.11

2.12

Bilder 2.11 und 2.12 „Pflasterstein"-Korrosion an einem Ventilsitz

Bild 2.13 Ventilsitzkorrosion im Anfangsstadium

Bild 2.14 Ausschnittvergrößerung aus dem markierten Bereich von Bild 2.13 mit deutlichen Korrosionsnarben

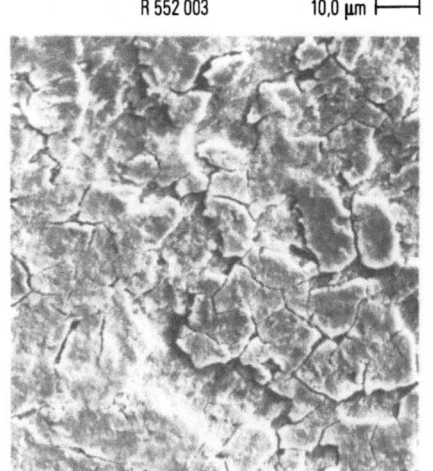

Bild 2.15 Ablagerungen auf einem Ventilsitz

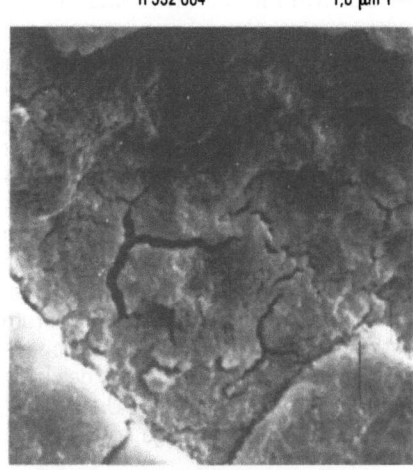

Bild 2.16 Vergrößerung aus Bild 2.15. Die Ablagerungen sind teilweise bereits abgeplatzt

2.2 Ablagerungen

Ablagerungen am Sitz von gelaufenen Ventilen bestätigen immer wieder die Anwesenheit von Elementen aus dem Kraftstoff bzw. aus den Öladditiven (Bild 2.17). Selbst durch eine Punktanalyse (Punkt A in Bild 2.18) werden die Elemente Schwefel (S), Phosphor (P), Calcium (Ca) und Zink (Zn) bestätigt. Bei dem in Bild 2.18 markierten Bereich liegen dagegen die werkstoffspezifischen Elemente des austenitischen Ventilstahls vor.

2.3 Einfluß des Eisengehalts der Sitzpanzerung

Bei sitzgepanzerten Ventilen ist es wichtig, für hochbelastete Ventile eine Aufschweißqualität mit extrem niedrigem Eisengehalt zu wählen. Bei qualitativ hochwertigen Ventilen beträgt der Fe-Wert im äußeren Bereich der Sitzpanzerung maximal 5%. Bei einem hohen Fe-Gehalt wird die Heißkorrosionsbeständigkeit bereits stark reduziert. Bild 2.19 zeigt die örtliche Sitzkorrosion eines gepanzerten Marine-Auslaßventils. Die mit A und B in Bild 2.19 gekennzeichneten Bereiche wurden einer EDX-Analyse unterzogen. Korrosionsbegünstigend ist hier der hohe Eisengehalt. Die Elemente Calcium (Ca) und Zink (Zn) stammen aus den Schmieröladditiven, während Vanadium (V) dem Schweröl entstammt. Wie die Ausschnittvergrößerung in Bild 2.20 erkennen läßt, handelt es sich auch hier um die sogenannte „Pflasterstein"-Korrosion.
Der typische Korrosionsangriff auf der Spitze eines solchen „Pflastersteins" geht aus Bild 2.21 hervor. Als primäre Ursache für diese Korrosion wurde ein hoher Eisengehalt in der Panzerung vermutet.

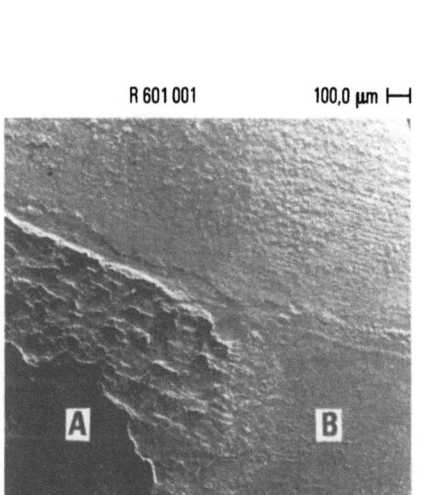

Bild 2.17 Ablagerungen am Sitz eines gelaufenen Ventils

Bild 2.18 Ventilsitz mit Einschlagmarkierungen

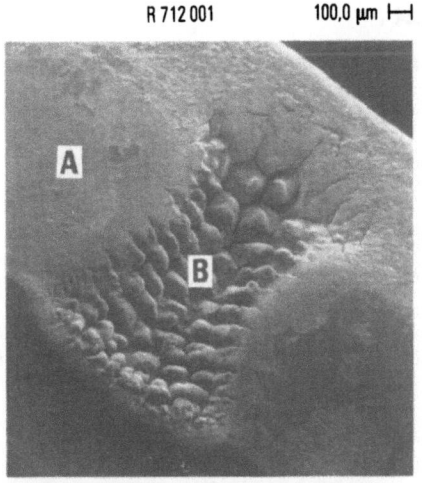

Bild 2.19 Örtliche Heißkorrosion am gepanzerten Ventilsitz eines Marine-Auslaßventils

Bild 2.20 Ausschnittvergrößerung aus Bild 2.19, „Pflasterstein"-Korrosion

2.4 Schwefelanteil im Kraftstoff

Der Schwefelanteil im Kraftstoff kann bei Dieselmotoren zur Korrosion selbst am verchromten Schaft führen. Ein typisches Beispiel zeigt Bild 2.23. Hier hatte auf der verchromten Schaftoberfläche ein regelrechter Lochfraß eingesetzt. Die Charakteristik dieser Korrosionsart geht aus den Bildern 2.24 und 2.25 noch deutlicher hervor. Die Oberfläche in Bild 2.24 wurde einer EDX-Analyse unterzogen. Das Spektrum zeigt neben Chrom einen deutlichen Schwefelanteil. Hier dürfte also die gebildete Schwefelsäure als sekundäre Ursache für die Schaftkorrosion in Frage kommen.

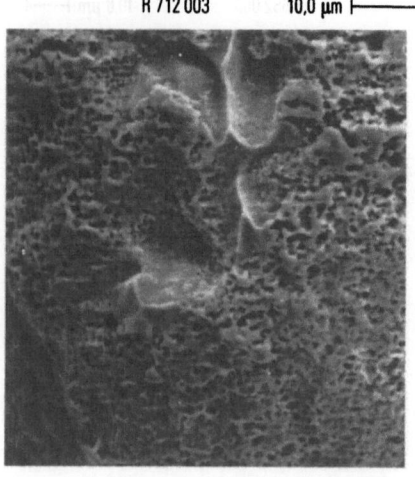
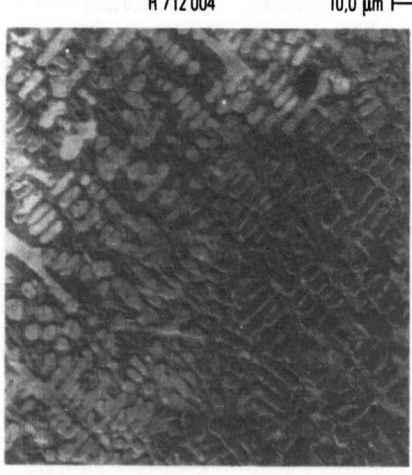

Bild 2.21 Typischer Korrosionsangriff auf der Spitze eines „Pflastersteins"

Bild 2.22 Gefügestruktur im äußeren Bereich der Sitzpanzerung

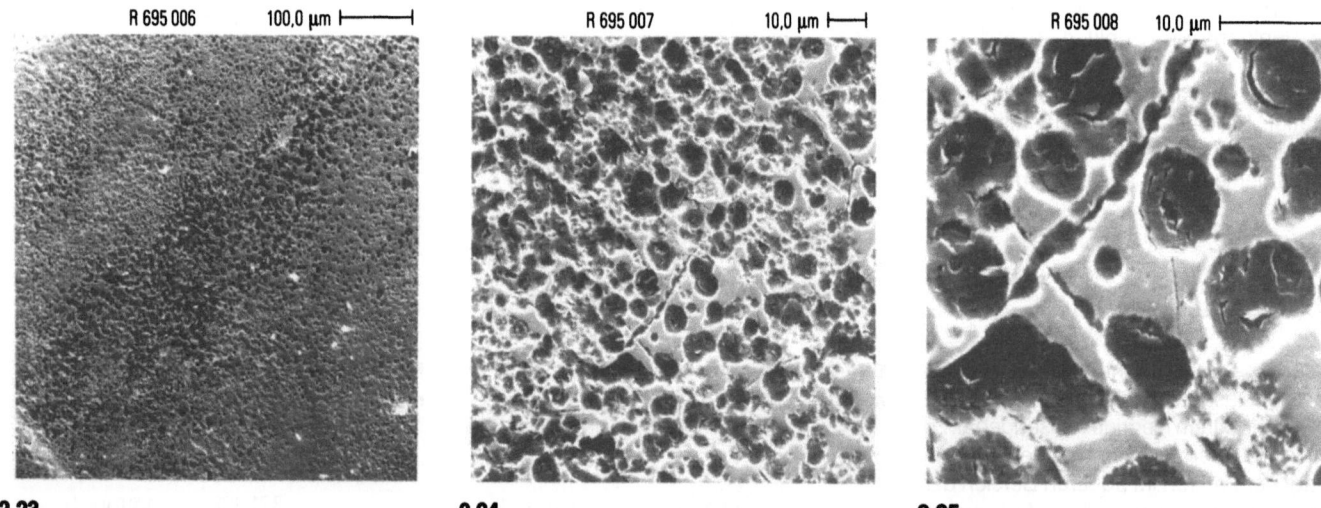

2.23 2.24 2.25

Bilder 2.23 bis 2.25 Lochfraßkorrosion auf der verchromten Schaftoberfläche, begünstigt durch den hohen Schwefelanteil im Kraftstoff

3 Abreißen von Ventilen

3.1 Anrisse an der Oberfläche

Bei einer thermischen oder mechanischen Überbelastung kann es sowohl im Hohlkehlenbereich als auch im Auslauf Schaft/Hohlkehle zu Spannungsspitzen in Verbindung mit örtlichen Anrissen kommen (Bild 3.1). Begünstigt werden kann das Auslösen der Risse durch eine gewisse Eigenart der Oberflächenbeschaffenheit, wie Schleif- bzw. Drehriefen. Sind solche Anrisse einmal entstanden, ist das Auslösen eines Dauerbruchs meist nur noch eine Frage der Zeit (Bild 3.2). Auch hierbei können bei extremen thermischen Wechselbelastungen Spannungsrisse im Ventiltellerrand auftreten, die ihrerseits Ausbrüche oder örtliche Verbrennungen bewirken können.

In Bild 3.3 ist ein örtlicher Tellerrandausbruch dargestellt. Erst bei weiterer Vergrößerung werden Spannungsrisse sichtbar, die Anlaß zu diesem Ausbruch gegeben haben (Bilder 3.4 bis 3.6). Bei der Beurteilung einer örtlichen Sitzverbrennung (Bild 3.7) kann die Ursache zunächst unklar erscheinen. Auch hier wird erst bei stärkerer Vergrößerung ein Anriß sichtbar (Bild 3.8). Dieser Riß hebt sich deutlich von den zwischen den Verbrennungsrückständen liegenden Lockerungen ab (Bild 3.9). Um die Gefahr von Spannungsrissen auszuschalten bzw. zu reduzieren, werden bereits bei der Ventilfertigung Vorkehrungen getroffen, um Zugspannungen im Tellerrandbereich zu vermeiden.

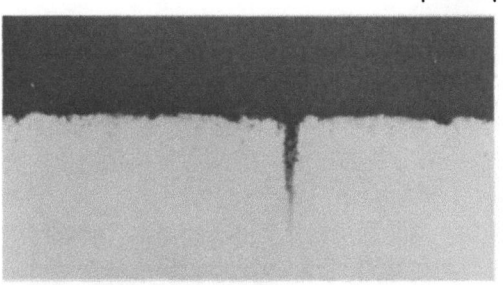

Bild 3.1 Oberflächenanriß durch Spannungsspitzen im Hohlkehlenbereich

Bild 3.2 Dauerbruch des Ventiltellers mit Ausgang von der Hohlkehle

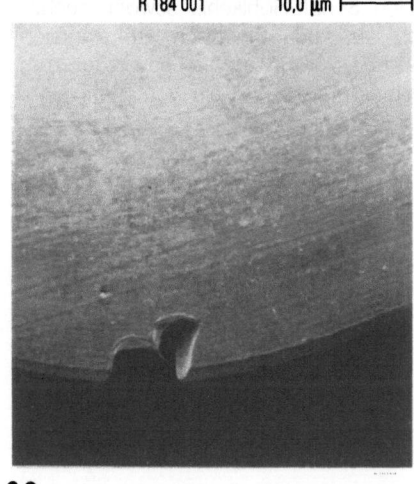

3.3

Bilder 3.3 bis 3.6 Örtlicher Anriß am Tellerrand, ausgelöst durch Spannungsrisse nach thermischer Wechselbelastung

3.4

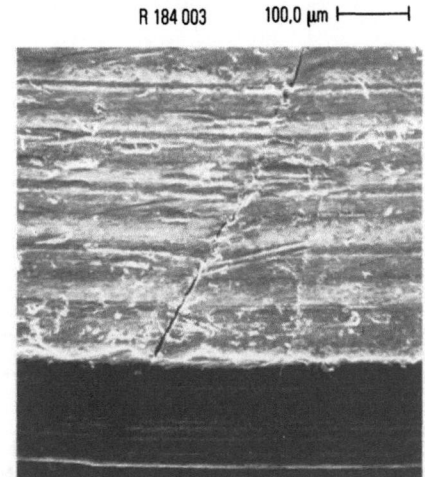

3.5

3.6

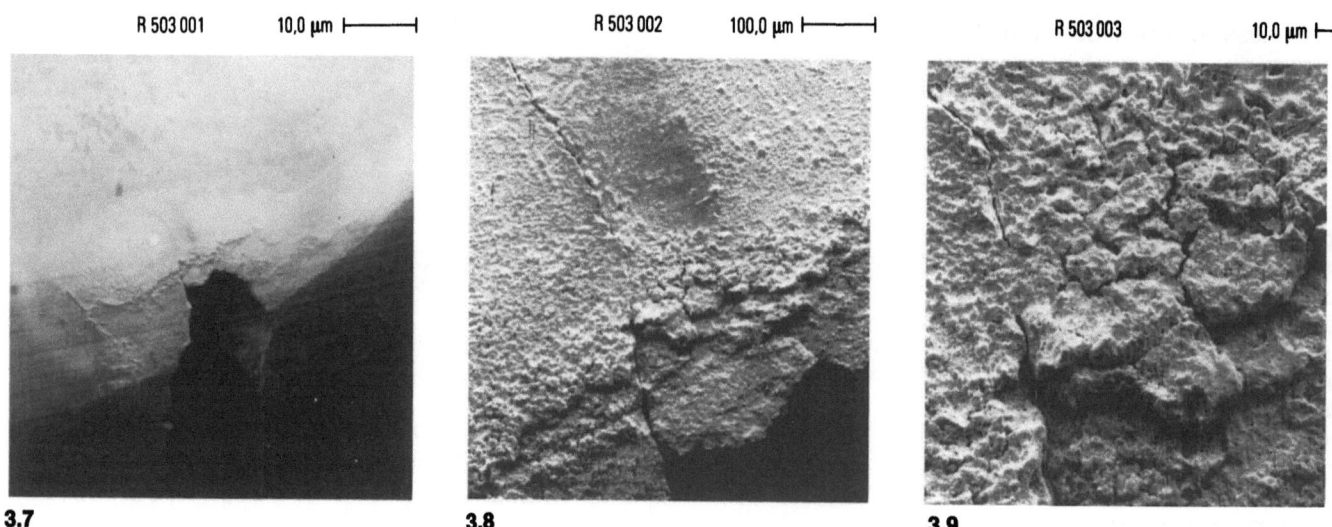

Bilder 3.7 bis 3.9 Örtliche Verbrennung des Tellerrands, ausgelöst durch Spannungsriß in Verbindung mit Wechselbelastung

3.2 Dauerbrüche am Übergang Schaft/Hohlkehle

Über die Ursache solcher Dauerbrüche wurde bereits berichtet. Da der Übergangsbereich Schaft/Hohlkehle sowohl mechanisch als auch thermisch am stärksten belastet ist, kann es hier bevorzugt zum Bruch kommen. Weil ein Ventilstahl nicht nur zugfest, sondern auch ausreichend wärmeleitfähig sein muß, können an dieser Stelle bei Überbelastung meist Dauerbrüche auftreten (Bild 3.10). Bild 3.10A zeigt einen gebrochenen Ventilschaft mit einem zweiten Anriß neben dem Bruch. Wenn in Verbindung mit einer thermischen Überbelastung allerdings eine Werkstoffversprödung auftritt, kommt es zu Sprödbrüchen (Bild 3.11).

Bild 3.10A Gebrochener Ventilschaft mit zweitem Anriß

Bild 3.10 Bruch des Ventilschafts im Übergangsbereich Schaft/Hohlkehle

Bild 3.11 Ventilschaftbrüche durch Werkstoffversprödung und thermische Überbelastung hervorgerufen

3.3 Durchbrennen von Hohlventilen

Der Hohlraum von Hohlventilen ist zu etwa 60% seines Volumens mit metallischem Natrium gefüllt, das bei ca. 97 °C schmilzt. Dabei wird die Wärme vom Teller zum Schaft abgeleitet und die Temperatur am Ventilkopf um etwa 80 bis 120 °C verringert. Kommt es zu einer thermischen Überbelastung, kann es bei dieser Ventilausführung zu Verbrennungen des dünnwandigen Werkstoffs kommen. Nach Austreten des Natriums wird das Ventil nicht mehr gekühlt. Bild 3.12 zeigt ein solches Auslaßhohlventil.

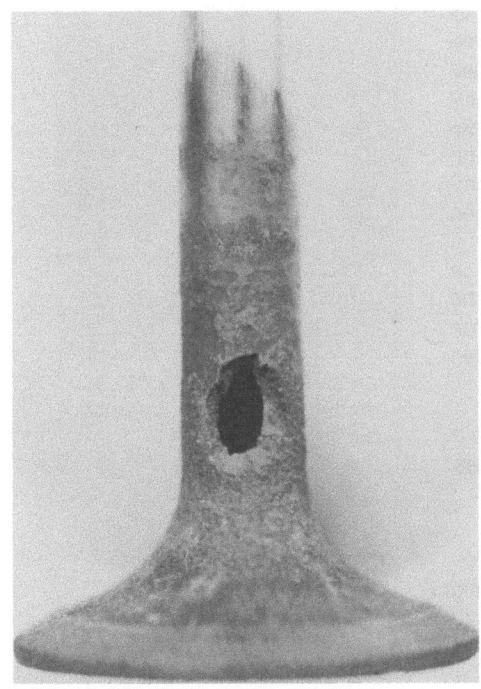

Bild 3.12 Durchgebranntes Hohlventil infolge Verbrennung des dünnenwandigen Werkstoffs

4 Störung im Ventiltrieb

Ein einwandfrei arbeitender Ventiltrieb ist Voraussetzung für die störungsfreie Funktion des Ventils. Ventilfederteller, Ventilkegelstücke und Ventilschaftenden müssen qualitativ und maßlich genau aufeinander abgestimmt sein. Ist dies nicht der Fall, kann es im Schaftendenbereich zu Brüchen kommen, die durch Biegewechselbelastungen ausgelöst werden. Bild 4.1 zeigt einen von zwei Seiten ausgehenden Dauerbruch in diesem Bereich. Er wurde durch örtliche Spannungsspitzen verursacht, die durch Druckmarkierungen hervorgerufen wurden (Bild 4.2).

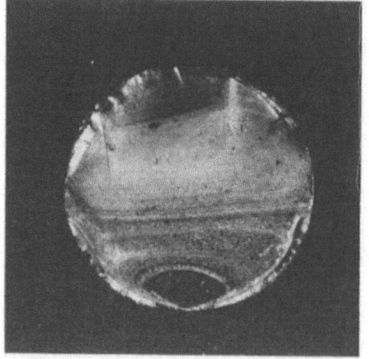

Bild 4.1 Ein von zwei Seiten ausgehender Dauerbruch am Schaftende

Bild 4.2 Durch Spannungsspitzen entstandene Druckmarkierungen haben den Dauerbruch beeinflußt

4.1 Einseitige Beaufschlagung des Kipphebels

Wenn aus irgendeinem Grund der Kipphebel die Schaftendenstirnfläche außermittig berührt, kann es bei hoher Belastung zu einer Biegebeanspruchung des Schafts kommen. Aus dem Verschleißbild geht das deutlich hervor. In den Bildern 4.3 und 4.4 sind einseitige Kipphebelmarkierungen an der Schaftendenstirnfläche veranschaulicht. Bild 4.4 zeigt den hieraus resultierenden einseitigen Schaftverschleiß. Ein Bruch der Ventilbefestigung kann ebenfalls Folge einer außermittigen Kipphebelbeaufschlagung sein.

4.2 Zu enge Ventilführungen

Das Spiel zwischen Ventilschaft und Ventilführung ist so bemessen, daß einerseits eine Abdichtung gegenüber den Verbrennungsgasen gewährleistet ist, andererseits aber auch durch einen entsprechenden kapillaren Ölfilm für ausreichende Gleiteigenschaften gesorgt ist. Auf die Auswahl geeigneter Werkstoffe für Ventilschaft und Ventilführung legt der Konstrukteur besonderen Wert. Dabei sind der Ausdehnungskoeffizient und die Wärmeleitfähigkeit beider Werkstoffe von besonderer Bedeutung. Bei einer zu engen Ventilführung kann der Schaft so stark verschleißen, daß die Funktion des Ventils gestört wird. Bild 4.5 zeigt einen Ventilschaft mit starkem Verschleiß und Freßmarkierungen.

 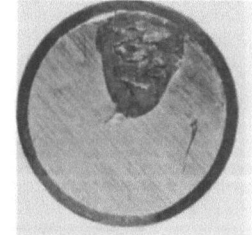

Bild 4.3 Verschleißbilder an der Schaftendenstirnfläche durch außermittigen Kipphebel

Bild 4.4 Schaftverschleiß als Folge eines außermittigen Kipphebels

4.3 Zu weite Ventilführung

Bei zu großem Spiel zwischen Ventilschaft und Ventilführung bildet sich meist zu viel Öllack bzw. Ölkohle. Das Schmieröl tritt an der dem Verbrennungsraum ausgesetzten Seite der Ventilführung aus und bildet eine Öllackschicht auf der Schaftoberfläche. Weil diese Schicht nach und nach anwächst, wird ein einwandfreies Gleiten des Schafts in der Führung unmöglich.

Bild 4.5 Ventilschaftverschleiß durch eine zu enge Ventilführung

Störung im Ventiltrieb

Häufig bleibt das Ventil dann stecken. Bild 4.6 zeigt einen mit Öllack und Ölkohle behafteten Ventilschaft.

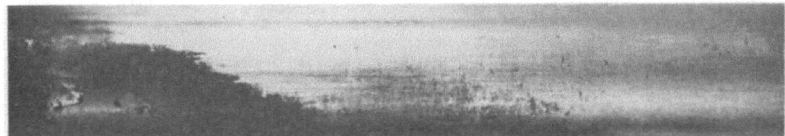

Bild 4.6 Als Folge einer zu weiten Ventilführung hat sich am Ventilschaft eine Öllack- und Ölkohleschicht gebildet

4.4 Fluchtfehler

Selbst ein hochwertiges Ventil kann ausfallen, wenn die Ventilführung aus ungeeignetem Material hergestellt wurde oder wenn zwischen Ventillängsachse und Ventilführung ein Fluchtfehler vorliegt. Aus diesem Grund sollte bei Motorenüberholungen, die meist mit dem Austausch von Ventilen verbunden sind, streng darauf geachtet werden, daß Ventilführung und Ventilsitzring einwandfrei fluchten. Bei Abweichungen kann es zu Biegewechselbeanspruchungen kommen, die Anrisse zur Folge haben und schließlich zum Dauerbruch führen. Außerdem kommt es bei Fluchtfehlern in vielen Fällen zum Fressen des Ventilschafts und später zum Abriß. In Bild 4.7 ist das richtige und falsche Fluchten von Ventilführung und Sitzring veranschaulicht.

Bild 4.8 zeigt den Ausschnitt eines Schaftdauerbruchs. Der Ausgang liegt hier eindeutig im Bereich einer Freßmarkierung mit aufliegendem Fremdmaterial. Der Ventilschaft dieses Schadensfalls läßt weitere Freßmarkierungen mit aufliegendem Fremdmaterial erkennen (Bild 4.9). Durch EDX-Analyse der in den Bildern 4.10 und 4.11 markierten Bereiche konnte eindeutig nachgewiesen werden, daß es sich bei dem aufliegenden Fremdmaterial um Gußeisen mit Lamellengraphit (GGL) von der Ventilführung handelt. Auch wenn das Ventil noch nicht abreißt, kann eine durch Fluchtfehler verursachte Freßstelle zum Steckenbleiben und schließlich zum Durchbrennen

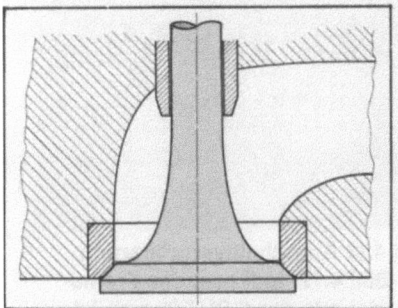 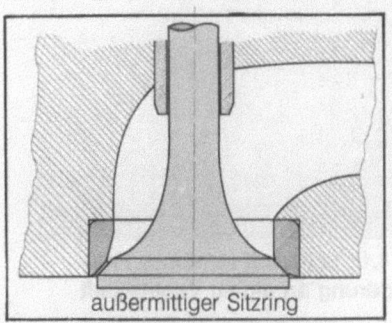

Bild 4.7 Links wird das richtige und rechts das falsche Fluchten von Ventilführung und Ventilsitzring deutlich

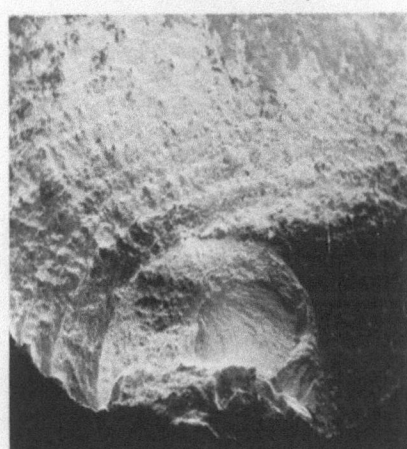

Bild 4.8 Beginnender Ventilschaftdauerbruch. Der Ausgang liegt im Bereich einer Freßmarkierung mit aufliegendem Fremdmaterial

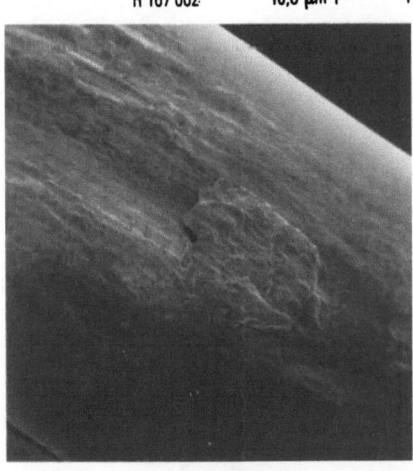

Bild 4.9 Freßmarkierungen an einem Ventilschaft mit aufliegendem Fremdmaterial

Bilder 4.10 und 4.11 Ausschnittvergrößerung aus Bild 4.9; das aufliegende Material aus der GGL-Führung ist deutlich sichtbar

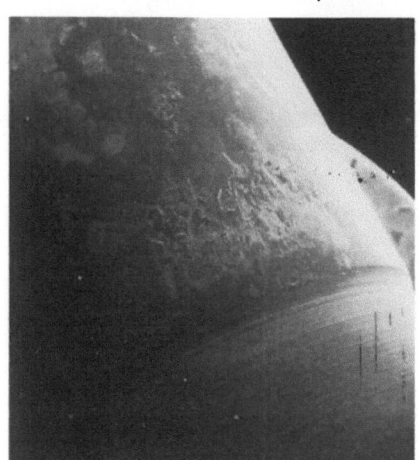 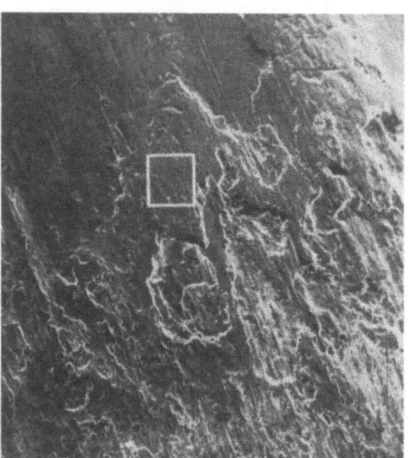 

Bild 4.12 Schwach sichtbare Freßmarkierung an einem Ventilschaft

Bild 4.13 Ausschnittvergrößerung aus Bild 4.12; aufliegendes Fremdmaterial aus der GGL-Führung ist deutlich sichtbar

Bild 4.14 Bruch der Ventilführung mit steckengebliebenem Ventilschaft

führen. Bild 4.12 zeigt eine relativ schwache Freßmarkierung. Durch EDX-Analyse wurde auch hier nachgewiesen, daß aus der Führung stammendes Gußeisen mit Lamellengraphit (GGL) aufliegt (Bild 4.13).
Werden bei einer Motorüberholung lediglich die Ventile ausgewechselt, so kann es zu ernsten Schäden selbst mit Ventilführungsbrüchen kommen (Bild 4.14).

4.5 Zu hoher Ferritgehalt in der GGL-Ventilführung

Ventilführungen aus GGL müssen ein perlitisches Gefüge haben. Normalerweise darf der Anteil an freiem Ferrit, wegen seiner geringen Härte, 5% nicht übersteigen. Bei unzulässig hohem Ferritanteil im Bohrbereich kann es zum Fressen zwischen Ventilschaft und Ventilführung kommen. Dabei kann sich Fremdmaterial von der GGL-Führung auf dem Ventilschaft aufbauen (Bild 4.15). Ein Ventilausfall ist dann unvermeidlich.

4.6 Ventil hat sich nicht gedreht

Normalerweise sollte ein Ventil während des Motorlaufs drehen.
Störungen im Ventiltrieb können diese Drehung allerdings verhindern. Die geschliffene Stirnfläche des Schaftendes wird bei drehenden Ventilen schnell blank. Sind allerdings nach längerer Laufzeit die ursprünglichen Schleifriefen an der Stirnfläche noch sichtbar, hat das Ventil nicht gedreht (Bild 4.16). Wenn sich das Ventil nicht dreht, ist eine gleichmäßige Aufheizung des Tellerrands oft nicht gewährleistet. Örtlich durchgebrannte Ventilsitze können dann die Folge sein (Bild 4.17).

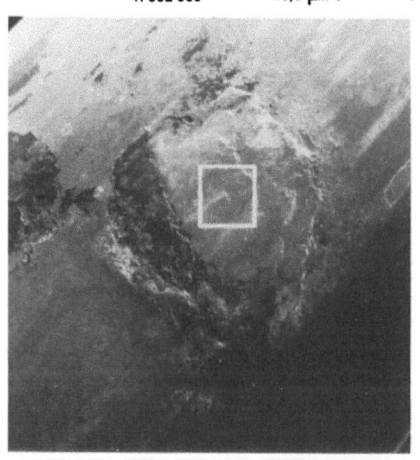 

Bild 4.15 Aufbau von Fremdmaterial aus einer GGL-Ventilführung mit zu hohem Ferritgehalt

Bild 4.16 Eine Störung im Ventiltrieb hat das Drehen des Ventils verhindert

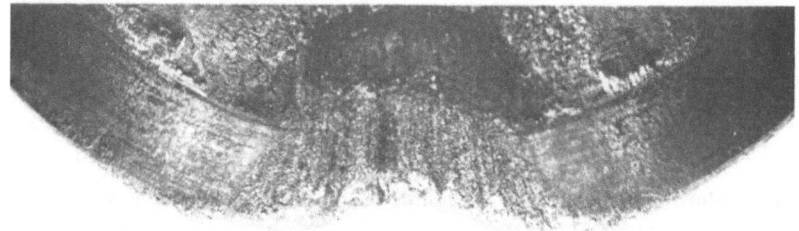

Bild 4.17 Verbrannter Ventiltellersitz eines Ventils, das nicht gedreht hat

4.7 Ventil hat stark gedreht

Durch normale Drehung des Ventils wird eine gleichmäßige Temperaturverteilung im Ventilteller erreicht und die Bildung von Ablagerungen vermindert. Zu schnelle Drehungen können dagegen übermäßigen Sitzverschleiß begünstigen. Ausgeprägte Markierungen der Schaftendenstirnfläche sind Zeichen dieses Verschleißes (Bild 4.18). Den Sitzverschleiß eines Einlaßventils zeigt Bild 4.19. Mit der TRW Thompson Ventildrehvorrichtung „Rotocap", die in vielen Serienmotoren Verwendung findet, wird eine gleichmäßige Drehung des Ventils sichergestellt, ohne daß übermäßiger Verschleiß auftritt.

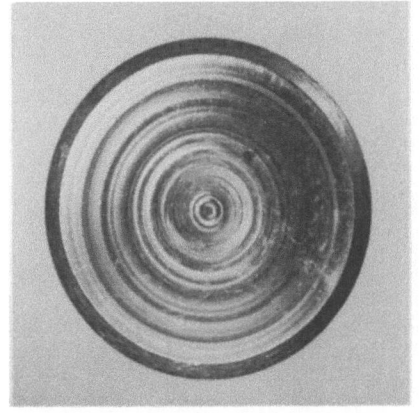

Bild 4.18 Die starken Markierungen am Ventilschaftende wurden durch zu schnelles Drehen des Ventils hervorgerufen

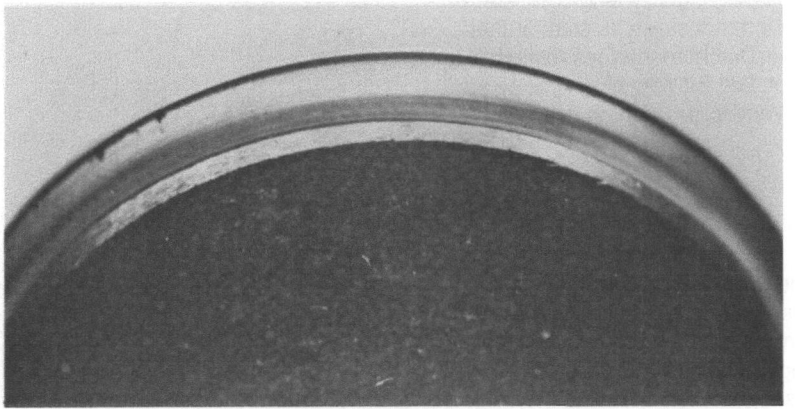

Bild 4.19 Deutliche Verschleißerscheinungen am Ventilsitz eines Einlaßventils durch zu starke Drehung des Ventils

5 Schließfehler

5.1 Ventilspiel zu groß

Jeder Motorenfachmann ist sich der Bedeutung eines richtig eingestellten Ventilspiels bewußt. Der Toleranzbereich wird vom Motorenhersteller festgelegt. Bei Fahrzeuginspektionen wird bei Bedarf das Ventilspiel korrigiert. Wenn auch vom Laien die Bedeutung des Ventilspiels richtig eingeschätzt würde, könnte mancher Ventilausfall vermieden werden. Bei zu großem Ventilspiel kann die Schaftendenstirnfläche regelrecht zerhämmert werden (Bild 5.1) und das Ventil im Bereich der Ventilbefestigung brechen.

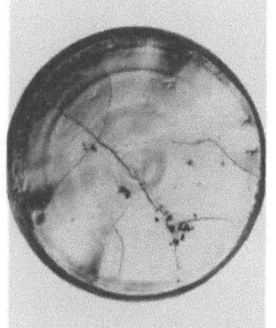

Bild 5.1 Anrisse in der Schaftendenstirnfläche durch zu großes Ventilspiel

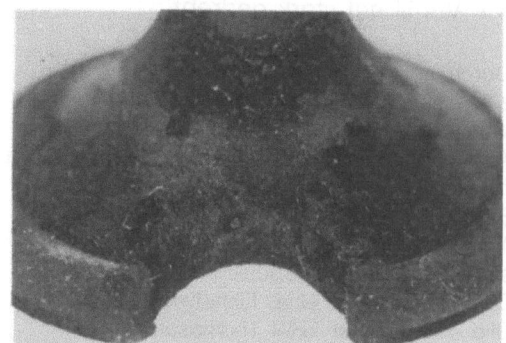

Bild 5.2 Ein zu kleines Ventilspiel hatte das Durchbrennen des Ventilsitzes zur Folge

5.2 Ventilspiel zu klein

Ist das Ventilspiel zu gering eingestellt, kann sich der Tellerrandbereich zu stark aufheizen, was zum Durchbrennen des Ventilsitzes führen kann. Bild 5.2 zeigt einen infolge zu geringen Ventilspiels verbrannten Ventilsitz.

5.3 Sitzringverzug

Ungünstige Kühlverhältnisse können einen Verzug des Ventilsitzrings zur Folge haben. Hierbei kann es leicht zu einer mangelhaften Abdichtung und zum Durchblasen der Verbrennungsabgase kommen. Bild 5.3 zeigt den Sitz eines Auslaßventils, bei dem ein verzogener Sitzring bereits eine mangelhafte Abdichtung bewirkt hat. Bei starkem Verzug des Sitzrings kann der gesamte Ventilteller eine Dauerbiegebeanspruchung erfahren. Ein Ventilbruch mit ernsten Folgeschäden ist dann oft unvermeidlich.

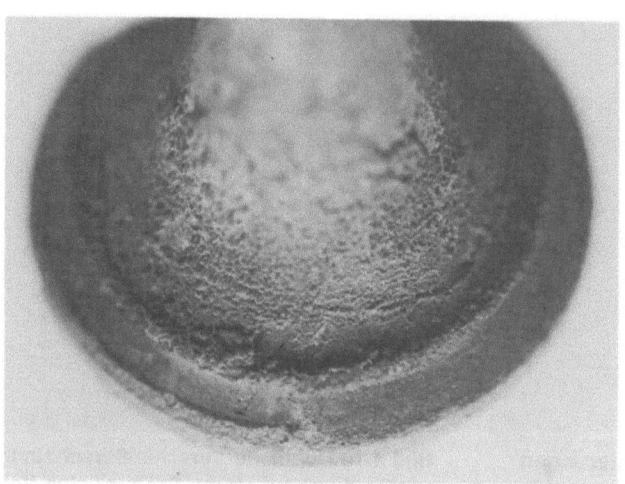

Bild 5.3 Dieser deformierte Ventilsitz eines Auslaßventils kann das Durchblasen der Verbrennungsgase nicht mehr verhindern

5.4 Exzentrizität zwischen Ventilsitzring und Ventilführung

Bei fabrikneuen Motoren fluchten Ventilsitzring und Ventilführung und stehen konzentrisch zueinander. Dies sollte auch nach Motorüberholungen der Fall sein. Kommt es dennoch vor, daß Sitzring und Führung nicht fluchten, sondern exzentrisch zueinander stehen, d. h. ungenaue mittelpunktmäßige Abstimmung vorliegt, kann ein Dauerbruch infolge Biegewechselbelastung eintreten. Ein Schaftdauerbruch wird in Bild 5.4 gezeigt. Einen von der Hohlkehle ausgehenden Dauerbruch veranschaulicht Bild 5.5.

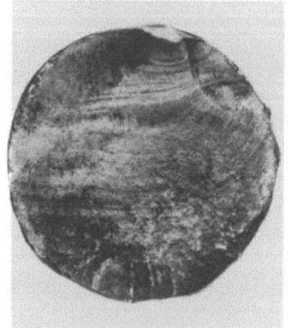

Bild 5.4 Schaft-Dauerbruch durch ungenaue Abstimmung von Ventilführung und Sitzring

Bild 5.5 Exzentrizität zwischen Ventilführung und -sitzring begünstigte einen von der Hohlkehle ausgehenden Dauerbruch

6 Falsche Werkstoffauswahl

6.1 Ventilstahl ist mechanisch überbeansprucht

Dieser Sachverhalt gilt vorwiegend für Einlaßventile, die bekanntlich thermisch nur sehr wenig beansprucht werden. Hier werden Ventilsitz, Schaft und Schaftende belastet. Bei TRW Thompson ist man bemüht, durch laufende Überwachung sicherzustellen, daß die vom Konstrukteur festgelegte Werkstoffqualität zur Anwendung kommt. Bei falscher Werkstoffauswahl kann es zu vorzeitigem Verschleiß kommen. Ist die Streckgrenze des Werkstoffs den Zugbelastungen nicht gewachsen, so kann eine gewisse Längenänderung und eine Veränderung des Ventilspiels eintreten. Auf die Dauer sind Ventilbrüche mit ernsten Folgeschäden dann oftmals unvermeidlich.

6.2 Ventilstahl ist den thermischen Beanspruchungen nicht gewachsen

Bei der Leistungssteigerung eines Motors wird manchmal versäumt, den Werkstoff der Auslaßventile den erhöhten Temperaturen anzupassen. Man spricht in solchen Fällen von einer thermischen Überbelastung der Ventile, die ja auch tatsächlich vorliegt. Mit anderen Stählen wären hier viele Probleme zu lösen. Wirtschaftliche Überlegungen, vor allem bei Ventilen in Großserien, spielen aber oft eine ausschlaggebende Rolle bei der Auswahl der Materialien.

6.3 Ventilstahl ist nicht genügend korrosionsbeständig

Bei Otto-Motoren entsteht Korrosion vorwiegend durch Bleiverbindungen, insbesondere Bleioxid. Dabei können sich Korrosionsnarben bilden. Die Intensität der Korrosion ist vom Werkstoff, von der Temperatur und vom Bleigehalt des Kraftstoffs abhängig. Treten die Korrosionsnarben im mechanisch beanspruchten Übergangsbereich Schaft/Hohlkehle auf, steigt das Risiko von Anrissen.

Nach einer besonders extremen korrosionschemischen Beanspruchung wurde bei Untersuchungen sogar eine Verringerung des Chromgehalts an der Oberfläche einer hochwarmfesten Legierung festgestellt. Bei dem in den Bildern 6.1 bis 6.3 gezeigten Anriß mit einer Tiefe von 0,01 bis 0,02 mm wurde ein verringerter Chromgehalt nachgewiesen. In den Bildern werden außerdem Haarrisse deutlich, die von den Korrosionsnarben ausgehen.

6.4 Aufschweißwerkstoff hält den Beanspruchungen nicht stand

Thermisch und korrosionschemisch hoch beanspruchte Auslaßventile werden am Sitz gepanzert. Welcher Aufschweißwerkstoff gewählt wird, hängt von der Größe der Beanspruchung ab. Warmhärte, Verschleiß und Korrosionswiderstand der jeweiligen Legierung sind hierbei entscheidend. Diese Faktoren können als Funktion der Härte und der Legierungselemente betrachtet werden. Wenn bei einer Erhöhung der Motorleistung nicht auch die Sitzpanzerung den höheren Beanspruchungen angepaßt wird, kann es zu vorzeitigen Ausfällen durch Verschleiß, Verbrennung oder Korrosion kommen.

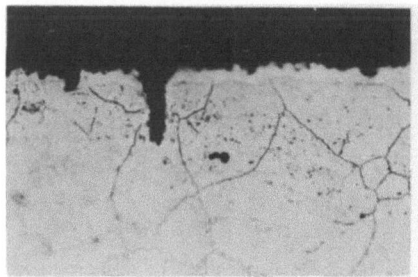
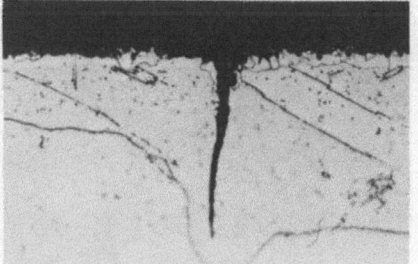
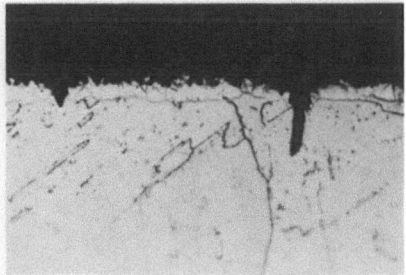

6.1 **6.2** **6.3**

Bilder 6.1 bis 6.3 0,01 bis 0,02 mm tiefe Korrosionsnarben, die Chromverarmung aufweisen. Gleichzeitig werden Rißbildungen festgestellt

7 Einbaufehler

7.1 Falsches Ventilspiel

Die Auswirkungen zu großen oder zu kleinen Ventilspiels wurden bereits erwähnt. Obwohl aus einem falsch eingestellten Ventilspiel in jedem Fall ein Schließfehler resultiert, kann als primäre Ursache für diesen Schließfehler oft ein Einbaufehler angenommen werden.

7.2 Außermittige Kennzeichen des Ventiltellers

Wenn vor dem Einbau Ventile gekennzeichnet werden müssen, ist unbedingt auf Vermeidung eines Verzugs zu achten. Wird die Kennzeichnung außermittig eingeschlagen, so tritt mit größter Wahrscheinlichkeit ein Verzug des Tellers ein. Beim Schließen des Ventils wird der Sitz einseitig beaufschlagt. Dann kann ein Teil des Tellers oder Schafts ausbrechen. Bild 7.1 zeigt einen Ventilteller mit einer außermittig liegenden Schlagzahl. Durch Verzug des Tellers ist es hier zu einem örtlichen Ausbruch während des Motorbetriebs gekommen.

Bild 7.1 Gebrochener Ventilteller mit einer stark außermittig liegenden Schlagzahl

8 Konstruktionsfehler

8.1 Ungünstige Gestaltung des Ventiltellers

Ausschlaggebend für die Funktion und Lebensdauer eines Ventils ist die konstruktive Auslegung und Abstimmung des gesamten Ventiltriebs. Besonders wichtig ist dabei die Zusammenarbeit zwischen Motoren- und Ventilkonstrukteur.

Es kann vorkommen, daß dem Ventilkonstrukteur Vorschläge unterbreitet werden, denen er nicht immer zustimmen kann. Einerseits soll das Ventilgewicht möglichst niedrig gehalten werden, andererseits wird eine bestimmte Mindestanforderung an den Werkstoff gestellt. Bei z. B. ungünstiger Gestaltung des Ventiltellers kann es, infolge Überschreitung der Streckgrenze, zu Anrissen im Übergangsbereich Schaft/Hohlkehle oder innerhalb der Hohlkehle kommen. Das in Bild 8.1 gezeigte Auslaßventil wurde ausgebaut, bevor es zum Tellerabriß kam. Im Übergangsbereich Schaft/Hohlkehle ist bereits ein umlaufender Anriß vorhanden (Bild 8.2). Am Längsschnitt ist erkennbar, daß nur etwa 1/3 des Querschnitts nicht angerissen ist (Bild 8.3).

Bild 8.3 zeigt deutlich die ungünstige Form des Ventiltellers. Auch bei einem extrem dünnen Ventilteller können bei entsprechend hoher Belastung Anrisse auftreten, wie sie in den Bildern 8.4 und 8.5 gezeigt werden.

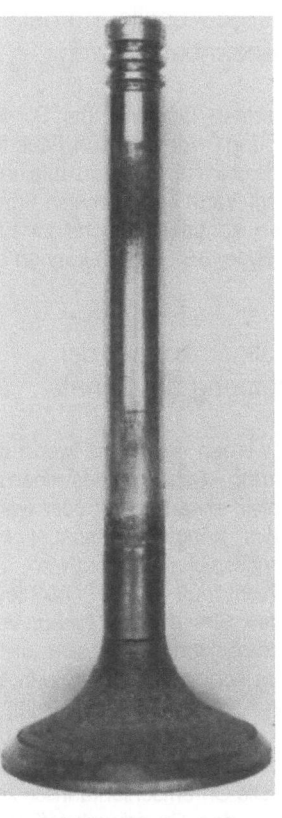

Bild 8.1 Bevor es zum Tellerabriß kam, wurde dieses Auslaßventil ausgebaut. Überschreiten der Streckgrenze war die Ursache für diese Rißbildung

Bild 8.2 Ein umlaufender Anriß im Übergangsbereich Schaft/Hohlkehle ist bereits vorhanden

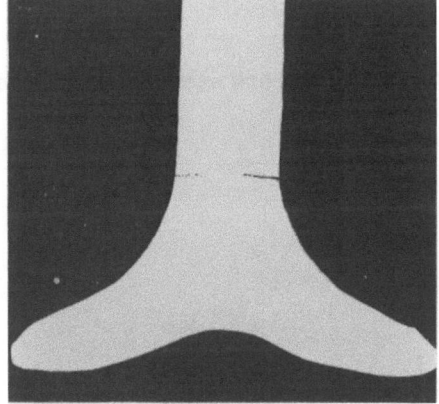

Bild 8.3 Der Längsschnitt zeigt, daß schon 2/3 des Schafts gerissen sind

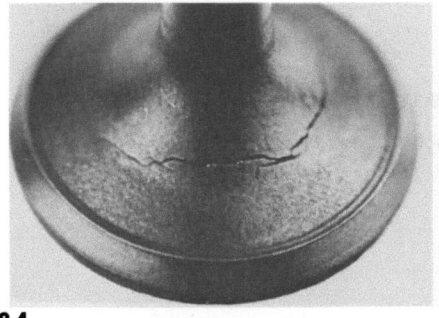
8.4

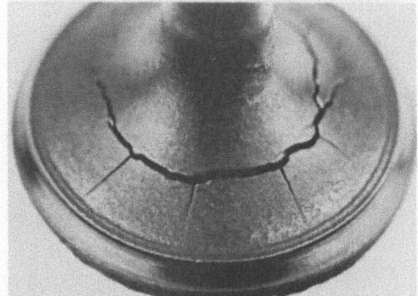
8.5

Bilder 8.4 und 8.5 Hohe Belastung hat bei diesen extrem dünnen Ventiltellern zu Anrissen geführt

8.2 Ungünstige Ausbildung der Schaftendenbefestigung

Sind die einzelnen Elemente der Schaftendenbefestigung – Ventileinstich, Federteller, Ventilkegelstück – nicht genau aufeinander abgestimmt, kann es zu ernsten Funktionsstörungen kommen. Brüche im Einstichbereich (Bilder 8.6 und 8.7) können die Folge sein.

8.3 Ungünstiger Auslauf der Verchromung am Schaft

Ventilschäfte werden verchromt, wenn die Paarung Führung – Schaftmaterial einen zu hohen Verschleiß erwarten läßt oder wenn eine besonders hohe Lebensdauer bei engem Führungsspiel angestrebt wird.
Die Chromschicht muß mit der Verschleißkante auslaufen. Eine darüber hinaus verlaufende Chromschicht kann sich unter Umständen als sehr nachteilig auswirken. Die innerhalb der harten Chromschicht auftretenden Anrisse können schon bei einer geringen Biegebeanspruchung als Kerbe wirken. Die Chromschichtanrisse ziehen sich bis in den Grundwerkstoff und verursachen einen Dauerbruch. Die Bilder 8.8 bis 8.11 veranschaulichen einen solchen Schadensfall.

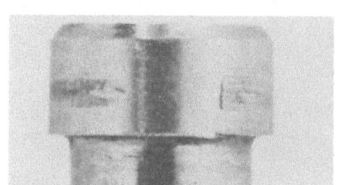

8.6 **8.7**

Bilder 8.6 und 8.7 Gebrochener Schaftendeneinstich durch ungünstige Ausbildung von Kegelstücken und Ventilfederteller

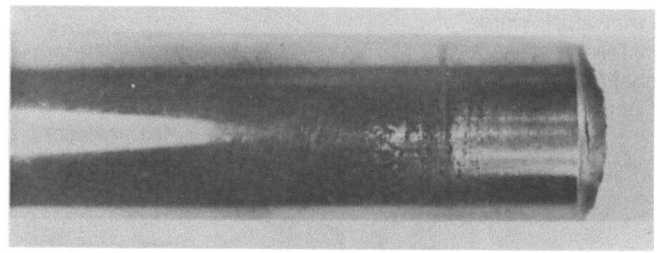

Bild 8.8 Ventilschaft nach „Fressen" in der Ventilführung

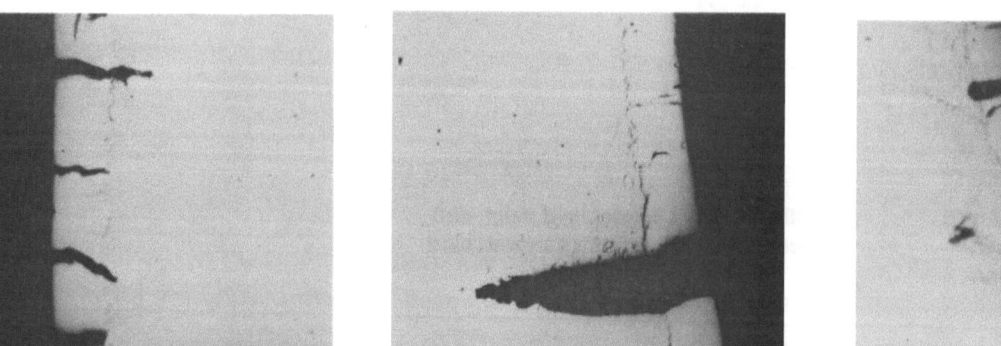

8.9 **8.10** **8.11**

Bild 8.9 bis 8.11 In den Grundwerkstoff eingelaufene Chromschichtanrisse wirken bei schon geringfügiger Biegebeanspruchung als Kerbe und haben meist einen Dauerbruch zur Folge

9 Herstellungsfehler

Die Herstellung von Ventilkegeln stellt hohe Anforderungen. Diese ergeben sich aus der Verwendung hochwertiger Werkstoffe, die kombiniert werden müssen und oft eine gegensätzliche Verarbeitung und Wärmebehandlung erfordern. So werden z. B. bei sehr vielen hoch beanspruchten Auslaßventilen die mechanischen und physikalischen Eigenschaften von drei verschiedenen Werkstoffen kombiniert.

Während der Schaft beispielsweise aus einem vergütbaren, verschleißfesten Werkstoff besteht, wird der Ventilteller aus einem warmfesten, austenitischen Werkstoff durch Reibschweißung mit dem Schaft verbunden. Da die Heißkorrosionsbeständigkeit des Tellerwerkstoffs häufig noch nicht ausreicht, wird der Sitz mit einer eisenarmen bzw. fast eisenfreien Aufschweißlegierung gepanzert.

Bei TRW Thompson ist eine sorgfältige Überwachung der verschiedenen Arbeitsprozesse selbstverständlich. Wird nach einem Ventilschaden trotzdem ein Herstellungsfehler ermittelt, wird unverzüglich und unter Berücksichtigung der Fehlerart kontrolliert, welche Fehler in der Herstellung auftraten.

9.1 Überhitzung beim Schmieden

Im allgemeinen erfolgt die Erwärmung vor dem Umformen (Warmfließpressen bzw. Stauchen) induktiv mit automatischer Temperaturüberwachung. Dadurch ist eine gleichmäßige Temperatur der umzuformenden Butzen gewährleistet. Wird der Werkstoff in Verbindungen mit irgendwelchen Störungen überhitzt, so läßt sich das ohne Schwierigkeiten nachweisen.

Bild 9.1 zeigt eine durch Überhitzung verursachte Korngrenzenverbrennung an der Ventiloberfläche. Das Ventil wurde aus dem Werkstoff X 45 Cr Si 9 3 (Werkstoff-Nr. 1.4718) gefertigt, einem hochlegierten Stahl mit 0,45% Kohlenstoff (C), 9% Chrom (Cr) und 3% Silicium (Si). Werkstoffschädigungen dieser Art können bereits nach relativ kurzer Zeit zum Ventilausfall führen.

Ist beim Warmfließpressen der Rohlinge die Temperatur zu hoch, so kann durch eine örtliche Materialtrennung bzw. durch grobe Karbidseigerung eine Schädigung auftreten, die mit größter Wahrscheinlichkeit den Ausfall des betreffenden Ventils zur Folge hat. Bild 9.2 zeigt eine regelrechte Materialtrennung im Schaft eines Hohlventils. Bild 9.3 gibt den in Bild 9.2 markierten Bereich vergrößert wieder.

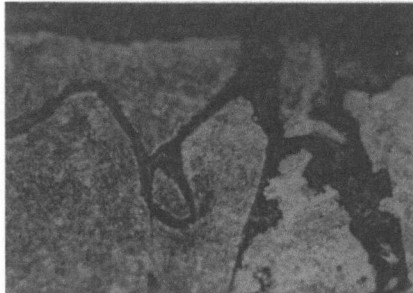

Bild 9.1 Eine solche Korngrenzenverbrennung der Ventiloberfläche kann nach kurzer Laufzeit zum Ventilausfall führen

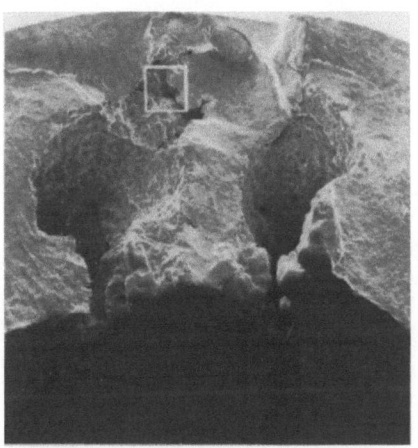

Bild 9.2 Materialtrennung im Schaft eines Hohlventils nach Warmumformung bei zu hoher Temperatur, begünstigt durch grobe Karbidseigerungen

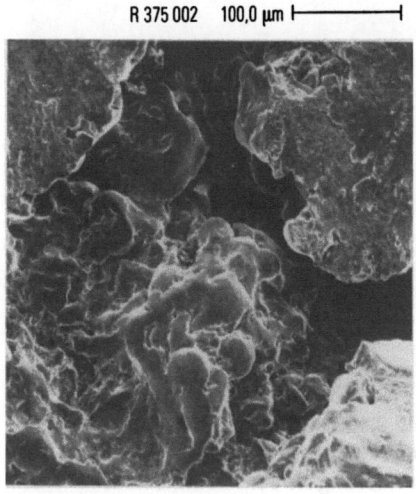

Bild 9.3 Ausschnittvergrößerung aus Bild 9.2

9.2 Reibschweißen

Die meisten Auslaßventile werden als sogenannte „Bimetall"-Ventile gefertigt, und zwar mit austenitischem Teller und martensitischem Schaftwerkstoff. Die Verbindung der beiden Teile erfolgt in der Großserienfertigung problemlos durch Reibschweißen. Wenn die Reibschweißung nur einen Teil des Schaftquerschnitts erfaßt hat, kann es zum Abriß kommen. In Bild 9.4 ist ein solches Beispiel veranschaulicht. Hier zeigt die Querschnittsmitte noch die vom Trennschliff stammende Markierung (Bild 9.5).

Nichtmetallische Einschlüsse im Werkstoff können ebenfalls den Bruch in der Reibschweißung begünstigen. In Bild 9.5 ist die Bruchfläche im Bereich der Reibschweißnaht eines Ventils wiedergegeben. Hier sind noch keine Besonderheiten sichtbar. Erst bei höherer Auflösung im REM werden nichtmetallische Einschlüsse sichtbar (Bilder 9.7 und 9.8).

Die Schweißverbindung der Werkstoffe 1.4871 und 1.4718 erfolgt in der Großserienfertigung ohne Schwierigkeiten. Bei der Verbindung der Werkstoffe 1.4871 und 1.7035 gab es Fälle, bei denen nur ein Teil des Schaftquerschnitts verschweißt war. Bild 9.9 läßt erkennen, daß teilweise noch der Trennschliff sichtbar ist. Die mit A und B bezeichneten Bereiche wurden einer EDX-Analyse unterzogen. Während im Bereich B der austenitische Werkstoff 1.4871 vorliegt, hat im Bereich A bereits eine gewisse Durchmischung mit dem Schaftwerkstoff 1.7035 stattgefunden. Dies wird durch die Werte der EDX-Analyse bestätigt. Interessant ist, daß trotz der örtlich fehlenden Verbindung im Kern des Schafts (Bild 9.10) ein duktiler Wabenbruch vorliegt (Bild 9.11).

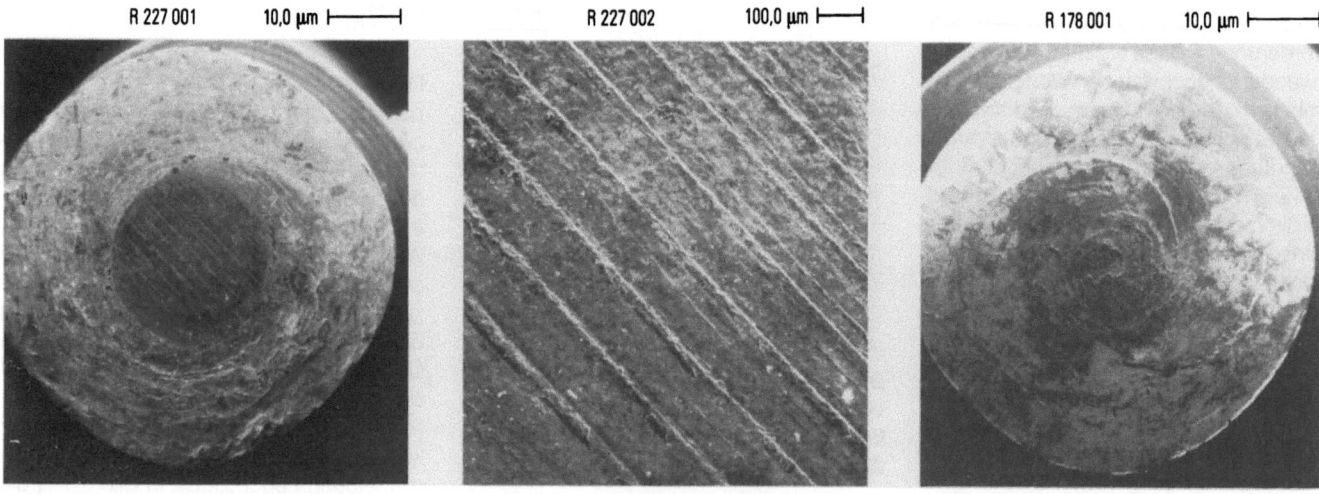

Bild 9.4 Bruch in der Reibschweißnaht eines Ventilschafts. In Bruchmitte hat keine Bindung vorgelegen

Bild 9.5 Ausschnittvergrößerung aus Bild 9.4. Hier ist noch die vom Trennschliff stammende Markierung sichtbar

Bild 9.6 Bruchfläche eines in der Reibschweißnaht gebrochenen Auslaßventils

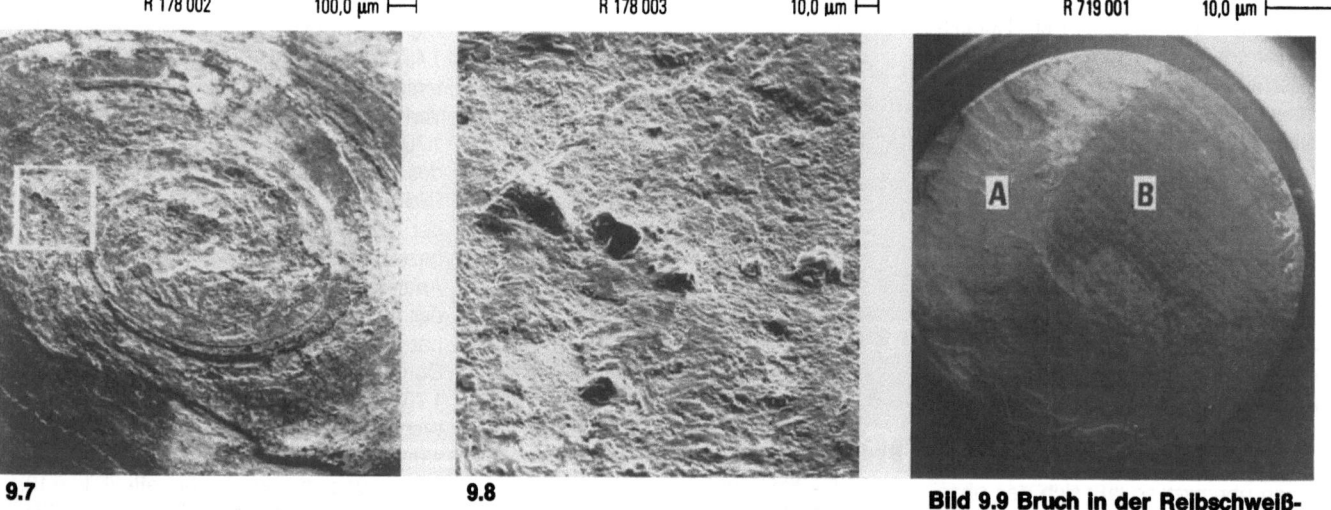

9.7   9.8
Bilder 9.7 und 9.8 Nichtmetallische Einschlüsse in der Reibschweißnaht haben den Bruch begünstigt

Bild 9.9 Bruch in der Reibschweißnaht eines Auslaßventils (Werkstoffe 1.4871 und 1.7035) mit Fehlbindung im Kern

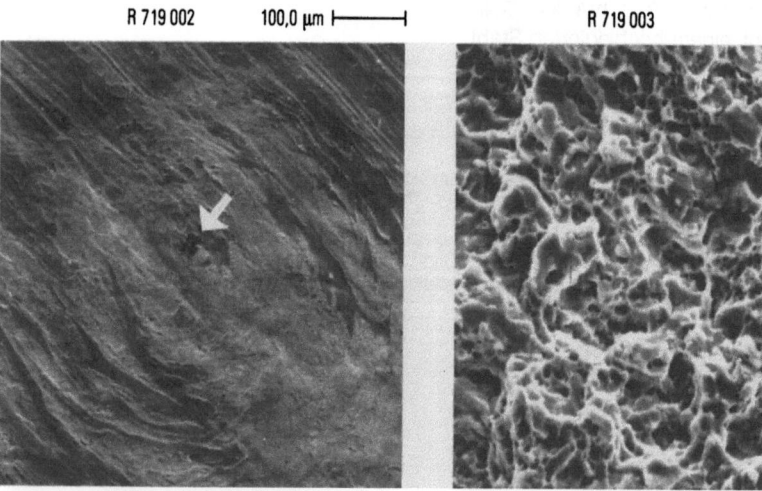

Bild 9.10 Örtliche Fehlbindung in Bruchmitte mit teilweise sichtbaren Markierungen vom Trennschliff

Bild 9.11 Duktiler Wabenbruch aus dem im Bild 9.10 mit dem Pfeil gekennzeichneten Bereich

9.3 Fehlerhafte Panzerung

Die Sitzpanzerung von Ventilkegeln erfordert in qualitativer Hinsicht besondere Aufmerksamkeit, ansonsten kann es zu verschiedenen Fehlern kommen.
Bei zu schneller Abkühlung nach dem Panzern können Schwindungshohlräume auftreten (Bilder 9.12 und 9.13). Ein zu hohes Sauerstoffangebot kann die Bildung von Oxiden zur Folge haben (Bild 9.14).

Schrumpfrisse im Endkrater sind Folge eines ungünstigen Flammenabgangs (Bild 9.15). Werden die vorgeschriebenen Temperaturen nicht eingehalten, kann es beim Warmprofilieren von gepanzerten Ventilkegeln zu Anrissen kommen. Bild 9.16 zeigt einen solchen Anriß in der Randzone. Sind die Gesenkformen nicht einwandfrei aufeinander abgestimmt, kann es zu Innenanrissen bzw. Materialtrennungen kommen, wie dies die Bilder 9.17 und 9.19 veranschaulichen. Ventile mit den hier beschriebenen Fehlern müssen bei der Endkontrolle entfernt werden. Weitere Anrisse führen mit Sicherheit zu Ventilausfällen durch Verbrennung. Um eine optimale Qualität zu erzielen, muß die Hartschweißlegierung gleichmäßig erstarren können. Außerdem darf die Panzerung keine groben Poren oder Oxidhäute enthalten, die möglicherweise zum Ausbröckeln führen. Bild 9.19 zeigt eine ungleichmäßige Erstarrung des dendritischen Gefüges einer Sitzpanzerung. In Bild 9.20 sind starke Oxidschleier innerhalb der Panzerung zu sehen.

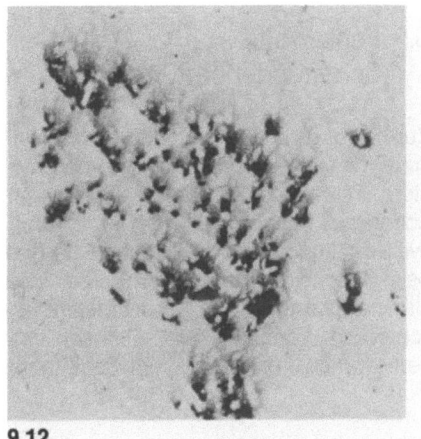
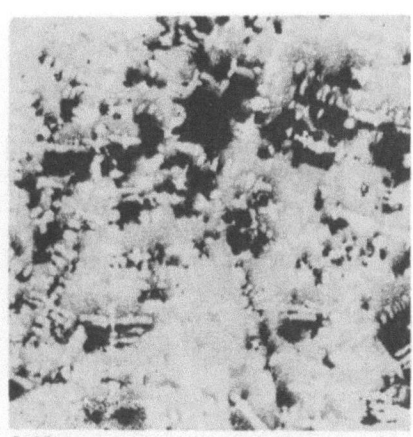

Bilder 9.12 und 9.13 Schwindungshohlräume bei einer Ventilsitzpanzerung durch zu schnelles Abkühlen

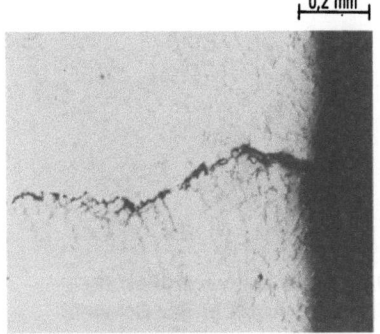
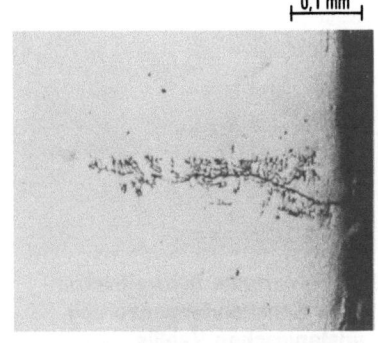

Bild 9.15 Schrumpfrisse im Endkrater als Folge eines ungünstigen Flammenabgangs

Bild 9.16 Anriß in der Randzone eines gepanzerten Ventils durch Warmprofilierung

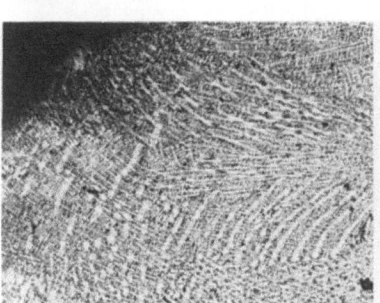
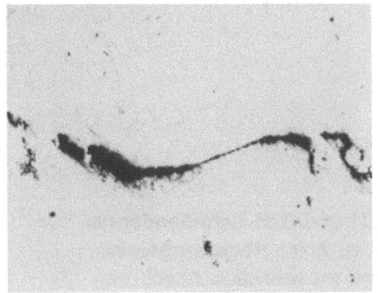

Bilder 9.17 und 9.18 Innenanrisse durch nicht aufeinander abgestimmte Gesenke

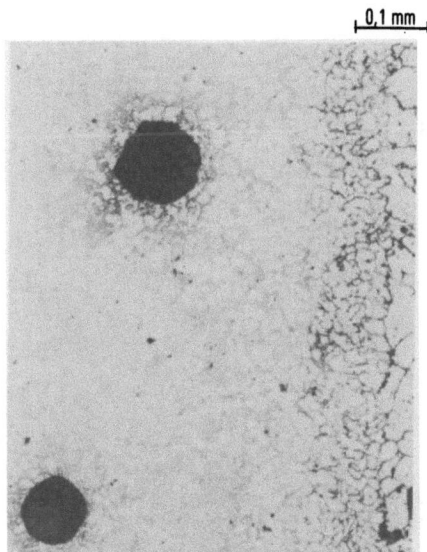

Bild 9.14 Ein zu hohes Sauerstoffangebot führte zur Bildung von Oxiden

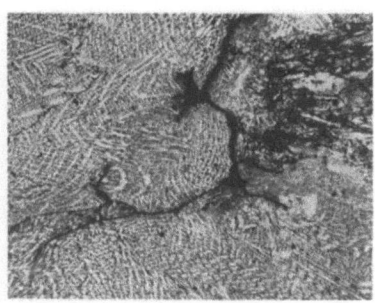

Bild 9.19 Ungleichmäßige Erstarrung des dendritischen Gefüges einer Sitzpanzerung

Bild 9.20 Deutlich sichtbare „Oxidschleier" innerhalb einer Sitzpanzerung

9.4 Schaftendenpanzerung austenitischer Ventile

Damit austenitische Ventile ausreichend verschleißfest sind, wird ihr Schaftende häufig mit einer Hartschweißlegierung versehen. Hierbei muß sowohl auf eine einwandfreie Bindung zum Grundwerkstoff als auch auf ein porenfreies Gefüge der Panzerung geachtet werden. In den Bildern 9.21 und 9.22 sind Risse, und in Bild 9.23 Poren abgebildet.

9.5 Fehlerhafte Schaftendenhärtung

Zur störungsfreien Kraftübertragung zwischen Ventiltrieb und Ventil ist in den meisten Fällen der Mehrrilleneinstich am Schaftende induktiv gehärtet. Die konstruktive Gestaltung erfordert besondere Sorgfalt beim Härten und Abschrecken. Bei zu hoher Härtetemperatur bzw. zu schroffem Abschrecken können Risse auftreten, die bereits nach kurzer Zeit zum Schaftabriß führen können. In den Bildern 9.24 und 9.25 sind zwei Längsrisse im Dreirilleneinstich zu sehen. Hierdurch kam es zum Ausfall. Auch die Oberflächenbeschaffenheit im Einstichbereich spielt eine Rolle. Durch einen zu groben Facettenschliff kann eine Überhitzung ebenfalls Anlaß zu Anrissen geben, wie aus den Bildern 9.26 und 9.27 hervorgeht.

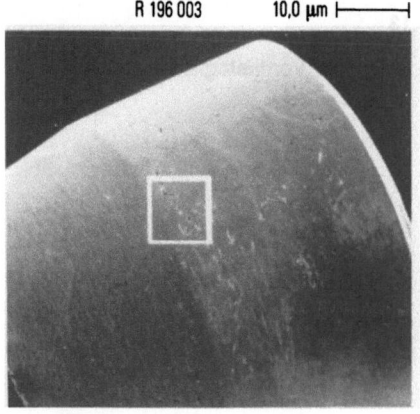

Bild 9.21 Fehlerhafte Schweißverbindung einer Schaftendenpanzerung eines austenitischen Ventils

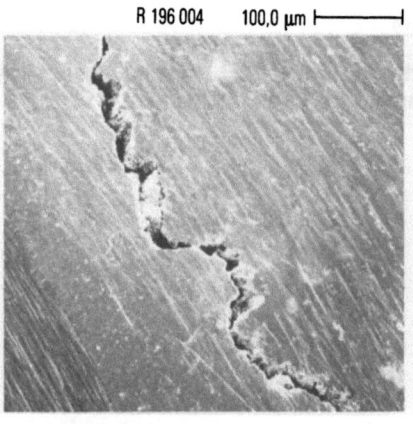

Bild 9.22 Ausschnittvergrößerung aus Bild 9.21; Anriß in der Schweißübergangszone

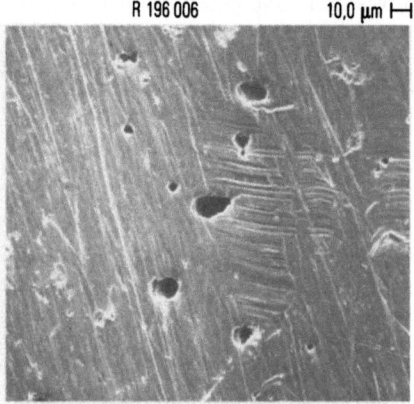

Bild 9.23 An der Oberfläche sichtbare Poren in der Schaftendenpanzerung

Bilder 9.24 und 9.25 Schaftendenrisse durch zu hohe Härtetemperatur bzw. durch zu schroffes Abschrecken

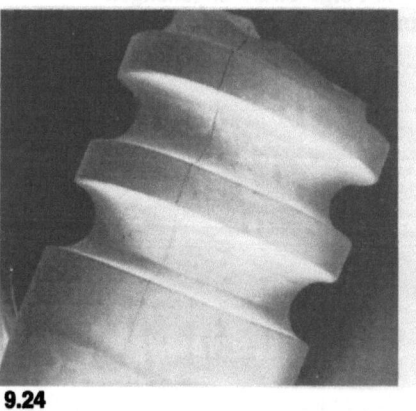

9.24   9.25

Bild 9.26 Anrisse im induktiv gehärteten Schaftendenbereich

Bild 9.27 Die Rißbildung wurde durch Überhitzung und zu groben Facettenschliff begünstigt

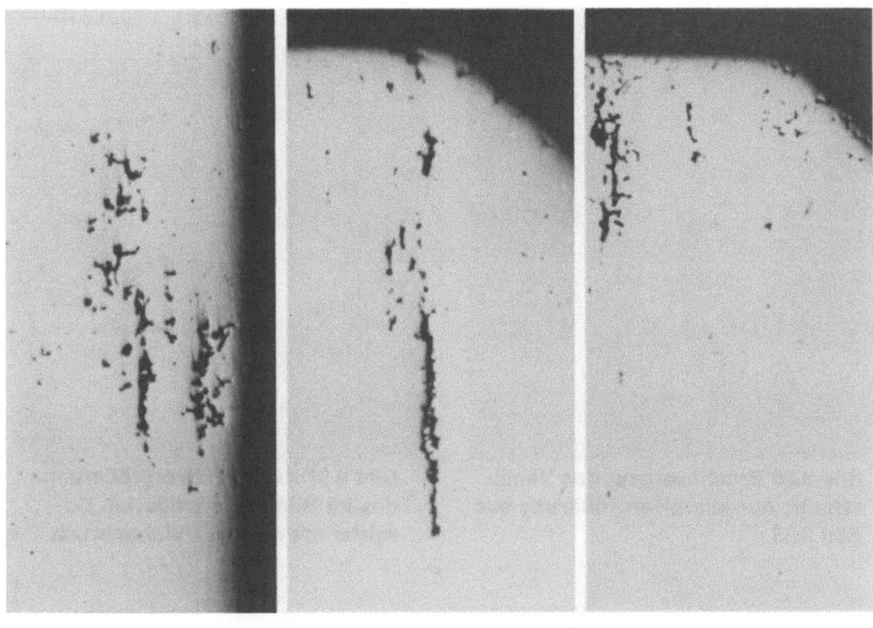

9.28   9.29   9.30

Bilder 9.28 bis 9.30 Fehlstellen im gehärteten Schaftendenbereich von Auslaßventilen durch Überhitzung des Werkstoffs

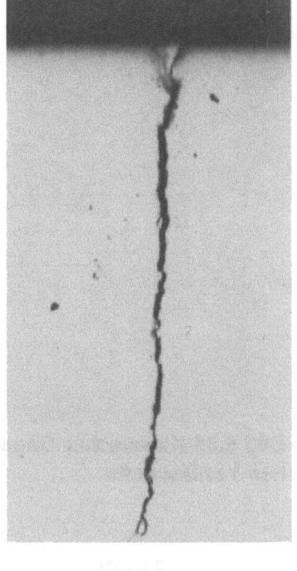

Bild 9.31 Spannungsriß infolge von Überhitzung, der von der Schaftendenstirnfläche ausgeht

Innere Gefügelockerungen durch falsche Wärmebehandlung im gehärteten Schaftendenbereich sind in den Bildern 9.28 bis 9.30 veranschaulicht. Bild 9.31 zeigt einen Spannungsriß in der Schaftendenfläche, der ebenfalls mit einer unsachgemäßen Härtung in Zusammenhang steht.

9.6 Rilleneinstichhärtung

Ventile mit Mehrrilleneinstich können durch spezielle, sogenannte MK-Ventilkegelstücke zur Rotation kommen. Wegen des hierzu erforderlichen Axialspiels ist das Schaftende hohen Belastungen ausgesetzt. Deshalb werden alle Schaftenden mit MK-Einstich induktiv gehärtet. Ist die Einhärtetiefe zu gering und das Rillenmaterial zu weich, kann jedoch ein Dauerbruch entstehen (Bild 9.32).

9.7 Bearbeitung

Grobe Bearbeitungsriefen führen durch ihre Kerbwirkung bei dynamischer Belastung sehr leicht zu Anrissen. Bild 9.33 zeigt unzulässige Bearbeitungsriefen an einem Ventilschaft im Übergangsbereich zur Hohlkehle. Schleifriefen können sogar nach Verzunderung der Oberfläche zu Anrissen führen, wenn sie in einem Bereich liegen, der einer Biegewechselbelastung ausgesetzt ist.

Ein typisches Beispiel für eine solche Oberflächenbeschaffenheit ist in Bild 9.34 dargestellt.

Nicht selten treten bei Ventilabrissen klassische Dauerbrüche am Schaft auf (Bild 9.35). Zumeist kann der Bruchausgang festgestellt werden (Bild 9.36). Wie die Ausschnittvergrößerung aus Bild 9.36 erkennen läßt, liegt ein duktiler Wabenbruch vor (Bild 9.37). Auch bei diesem Schadensfall wurde der Abriß in Verbindung mit einer Dauerbiegewechselbelastung durch Bearbeitungsriefen begünstigt. Diese haben selbst im verzunderten Bereich zu Anrissen geführt (Bild 9.38).

Bild 9.32 Schaftendenbruch durch geringe Härtetiefe und zu weichem Rillengrund

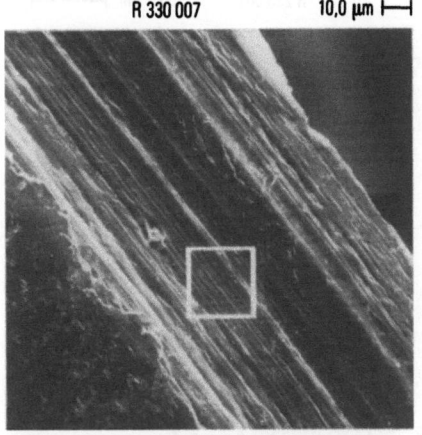

Bild 9.33 Unzulässig grobe Bearbeitungsriefen an einem Ventilschaft im Übergangsbereich zur Hohlkehle

Bild 9.34 Anrisse im Übergangsbereich Schaft/Hohlkehle nach Biegewechselbelastung, begünstigt durch Schleifriefen

Herstellungsfehler

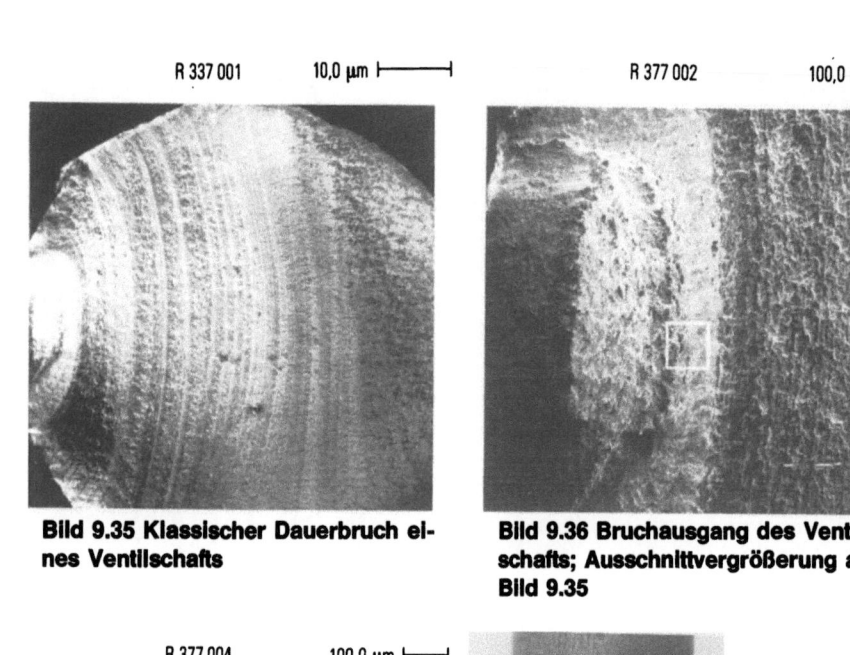

Bild 9.35 Klassischer Dauerbruch eines Ventilschafts

Bild 9.36 Bruchausgang des Ventilschafts; Ausschnittvergrößerung aus Bild 9.35

Bild 9.37 Ausschnittvergrößerung des im Bild 9.36 markierten Bereichs mit duktilem Wabenbruch

Bild 9.38 Anrisse im stark verzunderten Bereich, begünstigt durch grobe Bearbeitungsriefen

Bilder 9.39 und 9.40 Unsachgemäß vorbehandelte Ventilschäfte sind die Ursache für das Abblättern der Chromschichten

9.39

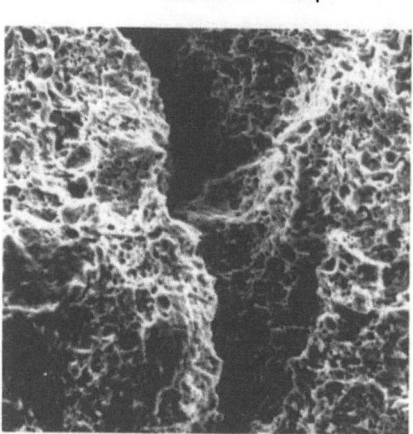

9.40

9.8 Fehlerhafte Verchromung

Besonders bei hochlegierten Ventilstählen ist der Erfolg der Schaftverchromung von einer sachgemäßen Vorbehandlung abhängig. Wenn zuvor die Anätzung – also die Behandlung mit einer ätzenden Säure – nicht durchgeführt wird, kann die schlecht haftende Chromschicht schon nach kurzer Zeit wieder abblättern (Bilder 9.39 und 9.40). In den Bildern 9.41 und 9.42 sind ebenfalls örtliche Abplatzungen der Chromschicht dargestellt. Diese abgeplatzten Chrompartikel führen früher oder später zu sogenannten Schaftfressern, die wiederum einen Ventilschaden zur Folge haben.

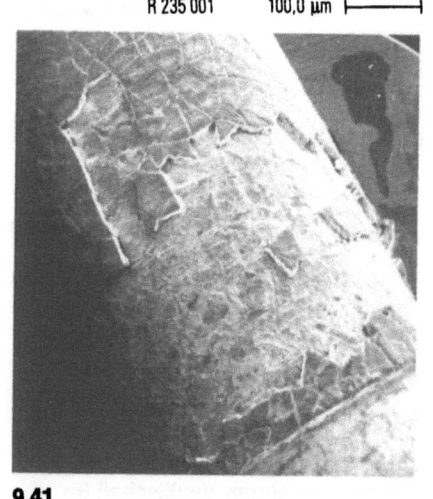

9.41

9.42

Bilder 9.41 und 9.42 Durch Verbundfehler löst sich die Chromschicht am Ventilschaft

Herstellungsfehler

Mikroskopisch läßt sich eine Chromschicht mit schlechter Haftung sehr gut nachweisen, wie dies aus den Bildern 9.43 und 9.44 hervorgeht.
Die in der Chromschicht auftretenden Risse können bei bestimmter Schaftendenbeanspruchung im Grundwerkstoff weiterlaufen (Bilder 9.45 bis 9.47). Meist ist ein Dauerbruch dann nur noch eine Frage der Zeit.

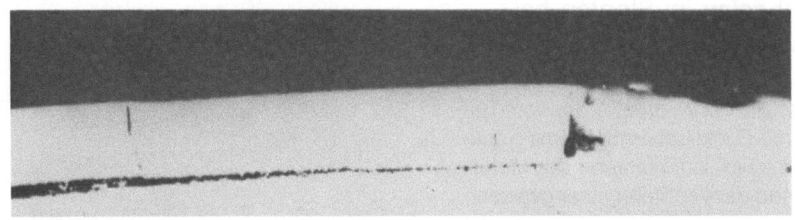

9.43

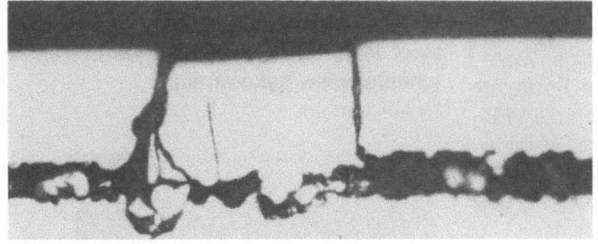

Bilder 9.43 und 9.44 Chromschichten mit schlechter Haftung sind unter dem Mikroskop gut nachweisbar

9.44

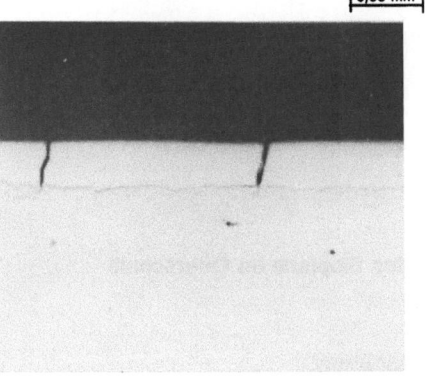  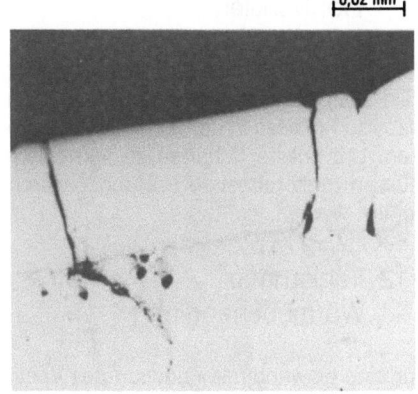

9.45   **9.46**   **9.47**

Bilder 9.45 bis 9.47 In Chromschichten auftretende Risse können bei entsprechender Beanspruchung im Grundwerkstoff weiterlaufen und zum Dauerbruch führen

9.9 Zu geringe Wandstärke bei Hohlventilen

Bei Hohlventilen ist eine gleichmäßige Wandstärke von Bedeutung. Wenn die Bohrung exzentrisch oder die Einsenkung zu tief ist, läßt sich ein vorzeitiger Bruch des Ventils nicht vermeiden (Bild 9.48).

Bild 9.48 Bei Hohlventilen ist eine gleichmäßige Wandstärke außerordentlich wichtig. Ungleichmäßige Bohrungen oder eine zu tiefe Einsenkung führen zum vorzeitigen Ventilbruch

9.10 Drehriefen im Stopfen bei Hohlventilen

Natriumgefüllte Hohlventile werden vom Teller her durch Buckelschweißung mit einem Stopfen verschlossen. Während des Motorbetriebs kann der Ventilteller einer gewissen Dauerbiegewechselbelastung ausgesetzt sein. Wenn der Verschlußstopfen an seiner Innenseite zu starke Drehriefen aufweist, kann die entstehende Kerbwirkung zusammen mit auftretenden Spannungen Anrisse zur Folge haben. Das kann sogar so weit gehen (Bild 4.49), daß es zur völligen Materialtrennung kommt. Nach dem Austreten des Natriums ist schließlich auch die Wärmeabführung des Ventils gestört. Die Bilder 9.50 und 9.51 zeigen die von Drehriefen ausgehenden Anrisse an der Innenseite des Stopfens.

9.11 Fehlerhafte Stopfenschweißung bei Hohlventilen

Bei einer mangelhaften Stopfenschweißung (Bild 9.52) kann es während des Ventilbetriebs zu Anrissen in der Schweißnaht kommen. Um solche Schäden zu verhindern, müssen zerstörungsfreie Prüfungen durchgeführt werden.

9.12 Fehlerhafte Wärmebehandlung

Für eine einwandfreie Funktion des Ventilkegels ist die richtige Wärmebehandlung von größter Bedeutung. Bei den austenitischen Ventilstählen für Auslaßventile sind z. B. die optimalen Warmfestigkeitseigenschaften im wesentlichen von der Wärmebehandlung abhängig. Ventilstähle, die für Einlaßventile bzw. als Schaftmaterial für Auslaßventile Verwendung finden, lassen nur bei optimaler Gefügebeschaffenheit einen ausreichenden Verschleißwiderstand erwarten.

Einen stark verschlissenen Ventilschaft mit deutlichen Freßmarkierungen zeigt Bild 9.53. Der hier eingesetzte Ventilstahl X 45 Cr Si 9 3 (Werkstoff-Nr. 1.4718) war nicht richtig wärmebehandelt. Bild 9.54 läßt erkennen, daß bei dem Erwärmen zum Vergüten keine vollständige Austenitisierung vorgelegen hat, d. h., daß aus zu niedriger Temperatur abgeschreckt wurde. Die noch vorhandenen erheblichen Ferritbestandteile haben die Freßneigung zweifellos gefördert.

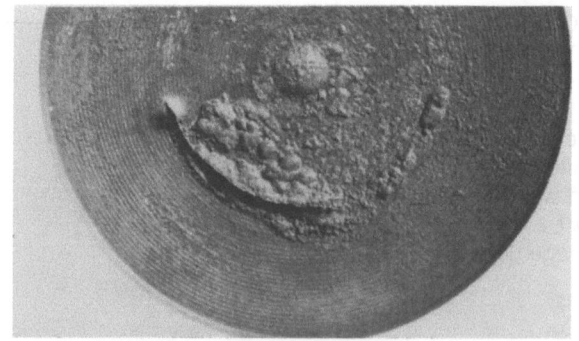

Bild 9.49 Durch aufgetretene Spannungen ist es zu einer Materialtrennung von Ventilteller und Verschlußstopfen gekommen

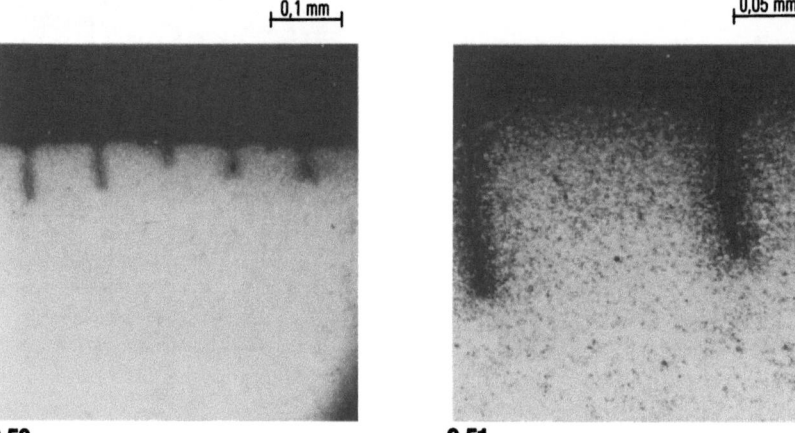

9.50   9.51

Bilder 9.50 und 9.51 Anrisse an der Innenseite des Stopfens im Querschnitt

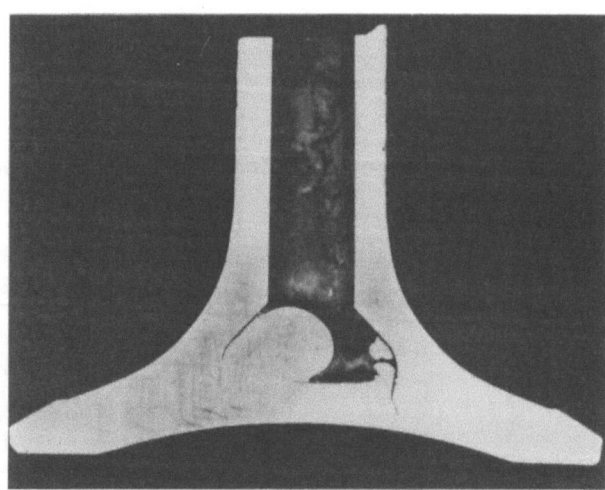

Bild 9.52 Eine fehlerhafte Stopfenschweißung führte zu Anrissen in der Schweißnaht

Zum Vergleich ist in Bild 9.55 das einwandfreie Vergütungsgefüge der gleichen Stahlqualität nach einer ordnungsgemäßen Wärmebehandlung wiedergegeben.

Bild 9.53 Freßmarkierungen an einem stark verschlissenen Ventilschaft, der nicht richtig wärmebehandelt war

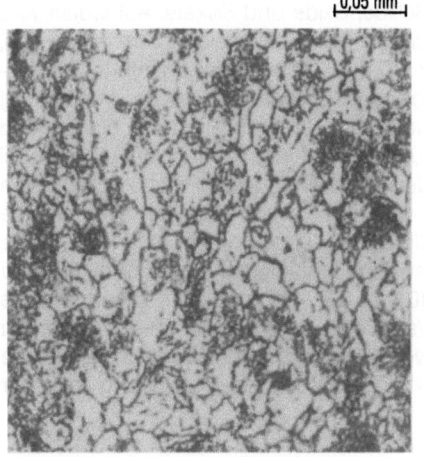

Bild 9.54 Bei diesem Werkstoff – X 45 Cr Si 9 3 – ist erkennbar, daß keine vollständige Austenitisierung stattgefunden hat

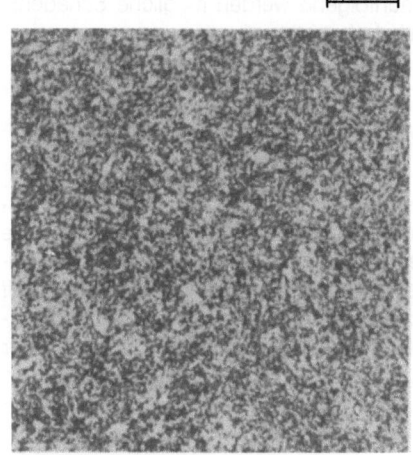

Bild 9.55 Gleicher Werkstoff wie im Bild 9.54 nach richtiger Wärmebehandlung

10 Materialfehler

Durch Materialfehler entstandene Ventilausfälle sind selten, was auf die Erfahrung der sorgfältig ausgewählten Stahllieferanten und auf systematische Eingangskontrollen bei TRW Thompson zurückzuführen ist. Nachfolgend werden mögliche Schadensfälle betrachtet.

10.1 Schlechter Reinheitsgrad

Beim Stahlschmelzen läßt sich die Aufnahme von Sauerstoff nicht vermeiden. Die verschiedenen Legierungsbestandteile bilden je nach ihrer Affinität zum Sauerstoff Oxide, die sich als unerwünschte Bestandteile im Stahl wiederfinden. Obwohl jeder Stahlhersteller bestrebt ist, den Gehalt an nichtmetallischen Einschlüssen möglichst gering zu halten, lassen sich diese in der Praxis nicht ganz vermeiden. Bei diesen Einschlüssen unterscheidet der Fachmann die verschiedensten Verbindungen, z. B. Sulfide, Oxide und Silikate. Außerdem wird die Art der Ausscheidung unterschieden, z. B. kugel-, zeilen- oder strichförmig, aufgelöst oder spröde. Die Art der Verbindung und die Gefügeform ist ausschlaggebend für eine eventuelle Bildung von Anrissen. Bei der Beurteilung des Reinheitsgrads von Ventilstählen wird deshalb eine strenge Unterscheidung vorgenommen und die jeweilige Schlackenart berücksichtigt. In Bild 10.1 ist ein Ausbruch am Tellerrand eines Ventilkegels dargestellt. Dieser Ausbruch wurde durch an die Oberfläche getretene Schlackenzeilen in Verbindung mit der mechanischer Belastung ausgelöst (Bild 10.2 und 10.3). Die Bruchcharakteristik, d. h. seine Sprödigkeit, ist in den Bildern 10.4 und 10.5 veranschaulicht. Einen ähnlichen Fall zeigt Bild 10.6, bei dem ebenfalls ein Segment des Ventiltellers ausgebrochen ist. Auch hier hat eine spröde Schlackenzeile an der Oberfläche, die allerdings bei der Warmformgebung im Hohlkehlenbereich des Ventils dem Faserverlauf angepaßt wurde, den Bruch durch Kerbwirkung ausgelöst.

Bild 10.7 zeigt die dem Faserverlauf angepaßte Schlackenzeile. Grobe nichtmetallische Einschlüsse können auch zu Aufplatzungen der Werkstoffoberfläche führen, wie aus den Bildern 10.8 und 10.9 hervorgeht.

Bild 10.1 Ausbruch am Ventiltellerrand durch an die Oberfläche getretene Schlackenzeilen

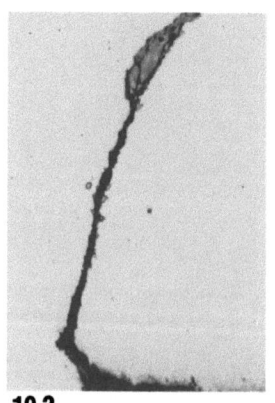 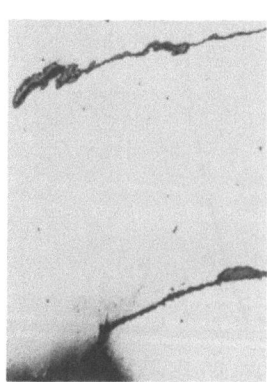

10.2 10.3

Bilder 10.2 und 10.3 Schlackenzeilen dieser Art haben zum Ausbruch des Ventiltellers (Bild 10.1) geführt

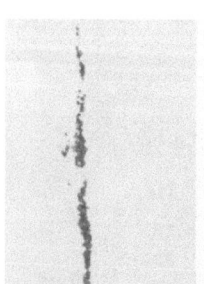 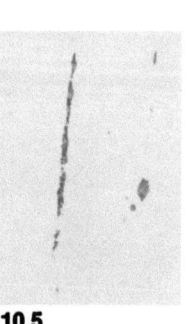

10.4 10.5

Bilder 10.4 und 10.5 Spröde Schlackenzeilen als charakteristische Merkmale für Ventilschäden

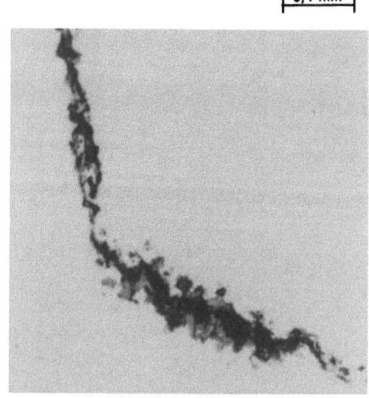

Bild 10.6 Ausbruch eines Ventiltellerrand-Segments durch spröde Schlackenzeile und Kerbwirkung

Bild 10.7 Faserverlauf der Schlackenzeile aus dem Hohlkehlenbereich des Ventilschadens

10.2 Innere Anrisse

Wie bereits erwähnt, werden Ventilrohlinge entweder durch Stauchen mit induktiver Erwärmung oder durch Warmfließpressen gefertigt. Im letzteren Fall werden Butzen durch Warmfließpressen umgeformt. Innere oder äußere Fehler wirken sich direkt auf das Ventil aus und können zu einem Ausfall führen. Auch deshalb ist eine sorgfältige Eingangsprüfung des Ventilstahls unerläßlich. Innere Anrisse im Stahlbutzen können nach der Warmumformung zu Anrissen im Ventil führen, wie im Bild 10.10 im Querschnitt eines Schaftes gezeigt.

10.3 Kernfehler

Kernfehler, die äußerlich nicht sichtbar sind, wirken sich schon bei der Induktiverwärmung aus und führen früher oder später zum Ausfall des Ventils. Bild 10.11 zeigt die Bruchfläche eines Ventilschafts mit Kernfehler. Hier ist es durch Veränderung des induktiven Magnetfelds schon zu einer örtlichen Materialanschmelzung gekommen. In Bild 10.12 ist der in Bild 10.11 mit B2 gekennzeichnete Bereich vergrößert abgebildet. Im Bereich B3, Bild 10.11, ist dagegen die Bruchoberfläche normal (Bild 10.13).

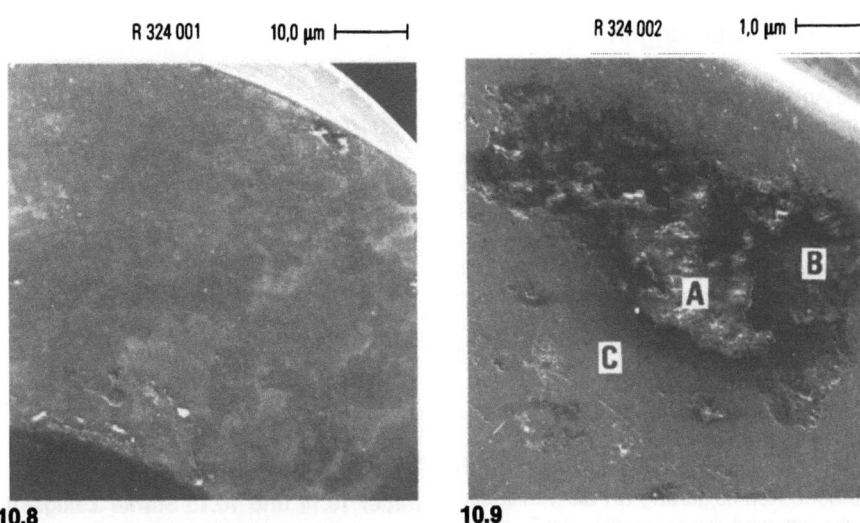

Bilder 10.8 und 10.9 Aufplatzungen von der Ventiloberfläche, verursacht durch grobe nichtmetallische Einschlüsse

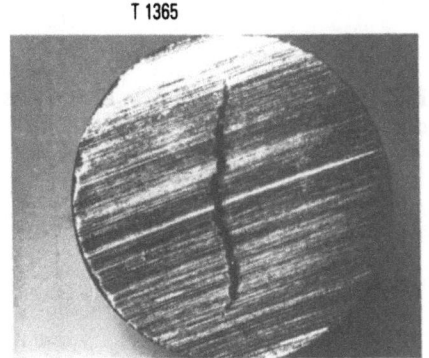

Bild 10.10 Anriß im Kern eines Ventilschafts, verursacht durch innere Anrisse im Stabstahl

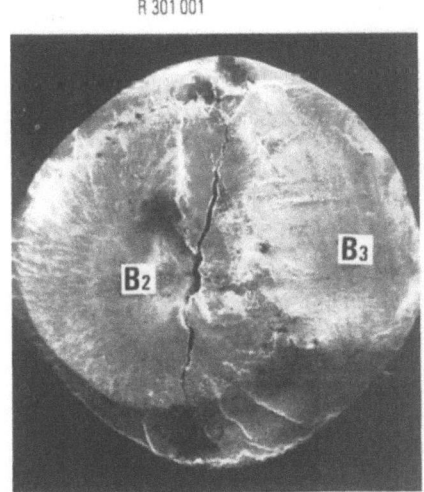

Bild 10.11 Bruchfläche eines Ventils mit Kernfehler

Bild 10.12 Ausschnittvergrößerung aus dem Bereich B2 in Bild 10.11 mit örtlichen Anschmelzungen

Bild 10.13 Ausschnittvergrößerung aus dem Bereich B3 (normale Bruchfläche)

10.4 Kernseigerungen

Eine Anhäufung von nichtmetallischen Verunreinigungen kann sowohl im Kern als auch an der Randzone zur Werkstoffschädigung führen. Nach einem Ventilausfall wurde eine ungewöhnlich starke Zeiligkeit von Karbiden und nichtmetallischen Einschlüssen festgestellt (Bilder 10.14 und 10.15). Diese Zeiligkeit hatte bei einem hoch belasteten Ventil zu einem Kernfaserbruch geführt, der in Bild 10.16 gezeigt ist. Diese sogenannten Kernseigerungen sind sehr gut zu erkennen. Häufig gehen sie mit einer Materialtrennung einher (Bild 10.17).

Wenn eine mit einer Materialtrennung verbundene Kernseigerung an die Ventiloberfläche tritt, wird dieses Ventil in der Endkontrolle ausgeschieden (Bild 10.18). Bei dem in Bild 10.19 dargestellten Ventiltellerlängsschnitt verläuft die Materialtrennung durch den Ventilteller und den Schaft. Über die Eigenart der Kernseigerung gibt eine metallographische Untersuchung Aufschluß. In den Bildern 10.20 und 10.21 ist die Struktur der Kernseigerung zu sehen.

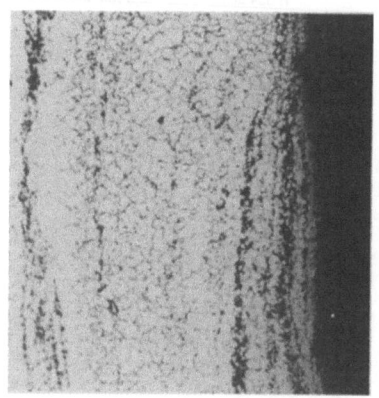
10.14

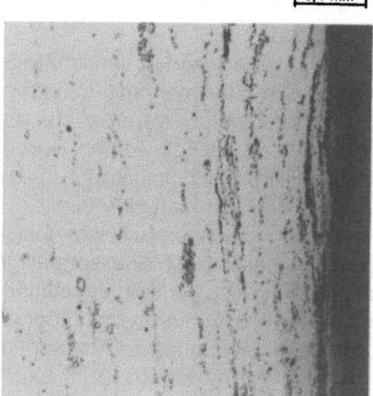
10.15

Bilder 10.14 und 10.15 Starke Zeiligkeit von Karbiden ist ein Merkmal für verunreinigten Werkstoff

Bild 10.16 Kernfaserbruch in einem hochbelasteten Ventil durch starke Zeiligkeit

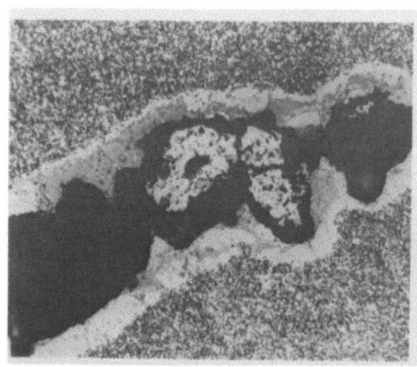

Bild 10.17 Kernseigerungen gehen häufig mit einer Materialtrennung einher

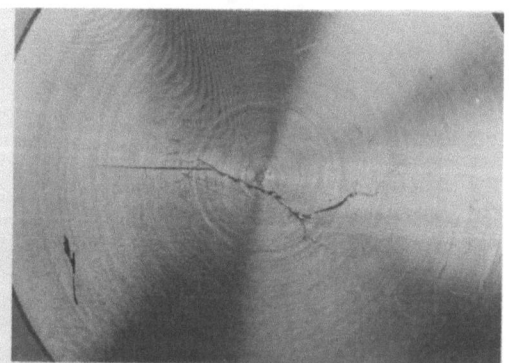

Bild 10.18 Durch Kontrolle ausgeschiedenes Ventil, bei dem eine Materialtrennung Ursache für den Tellerriß war

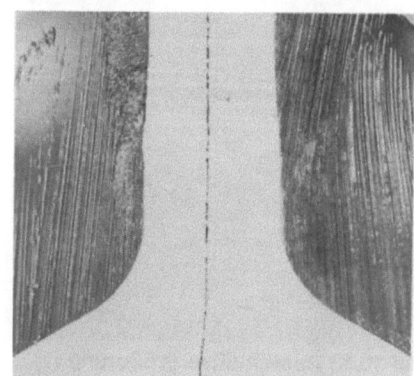

Bild 10.19 Materialtrennung durch Ventilteller und -schaft

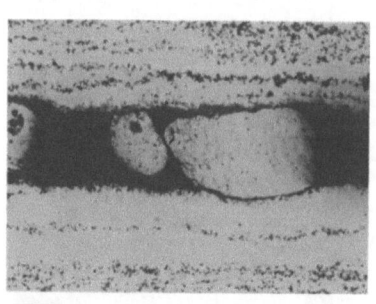
10.20

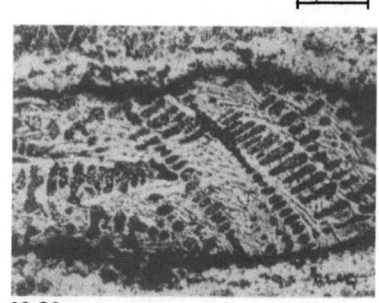
10.21

Bilder 10.20 und 10.21 Nichtmetallische Verunreinigungen im Kern des Werkstoffs

10.5 Oberflächenfehler

Um die Oberfläche einwandfrei bearbeiten zu können, muß ihre Beschaffenheit fehlerfrei sein. Deshalb wird bereits im Walzwerk bzw. nach dem Schleifen eine Rißprüfung der Oberfläche durchgeführt. Bei TRW Thompson wird außerdem die Beschaffenheit der Oberfläche vor der Weiterverarbeitung kontrolliert. Wenn trotz all dieser Kontrollen Material mit Oberflächenfehlern in die Produktion gelangt, muß mit Ausschuß gerechnet werden. Bild 10.22 zeigt ein Ventil, das wegen Oberflächenfehlern in der Endkontrolle ausgeschieden wurde. Aus den Bildern 10.23 und 10.24 geht hervor, daß der Anriß vermutlich auf verwalzte Randblasen zurückzuführen ist. Beim Einbau eines solchen Ventils würde mit Sicherheit nach kurzer Laufzeit ein Ventilschaden auftreten.

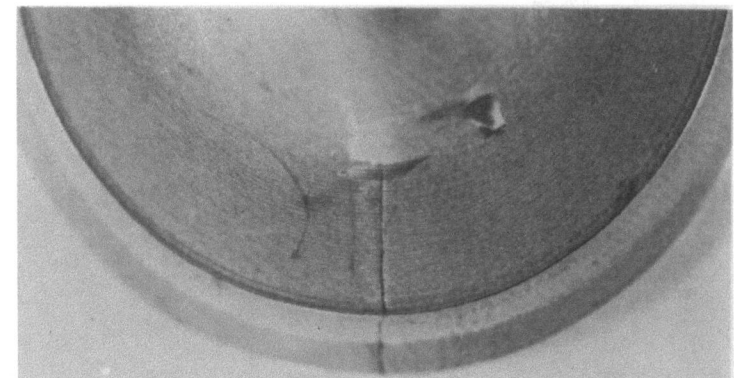

Bild 10.22 Ein durch Oberflächenfehler nach der Rißprüfung ausgeschiedenes Ventil

10.6 Mangelhafte Gefügeausbildung

Wie bereits erwähnt, kann eine unsachgemäße Wärmebehandlung eine mangelhafte Gefügeausbildung zur Folge haben, die einen Ventilausfall nach sich zieht. Möglich ist allerdings auch, daß die Ursache dafür schon in der Warmumformung des Werkstoffs im Stahl- bzw. Walzwerk zu suchen ist.
So kann z. B. eine Entkohlung – der Verlust an Kohlenstoff – die Oberfläche so schädigen, daß infolge geringerer Härte im entkohlten Bereich Anrisse auftreten, die später zu Dauerbrüchen führen.
In den Bildern 10.25 und 10.26 sind Gefügeveränderungen infolge leichter Entkohlung in der Randzone eines Ventils aus dem Werkstoff X 45 Cr Si 9 3 (Werkstoff-Nr. 1.4718) dargestellt.
Wird beim Vormaterial während des Walzens oder Richtens die Oberfläche im kritischen Verformungsbereich verfestigt, so kann es bei der nachfolgenden Wärmebehandlung zu einer mehr oder weniger starken Rekristallisation innerhalb der Randzone kommen. Die Bilder 10.27 und 10.28 zeigen die rekristallisierte Randzone an einem Ventilstahl X 45 Cr Si 9 3. Gefügeanomalien dieser Art können bei der Induktivhärtung des betreffenden Teils zu Störungen führen.
In den Bildern 10.29 und 10.30 wird die Rekristallisation in der Randzone eines austenitischen Ventilstahls dargestellt. Durch ein Spannungsgefälle zwischen Grobkorn- und Feinkornzone kann hier, besonders durch zusätzliche Wechselbelastungen des betreffenden Teils, eine interkristalline Rißbildung im rekristallisierten Bereich ausgelöst werden.

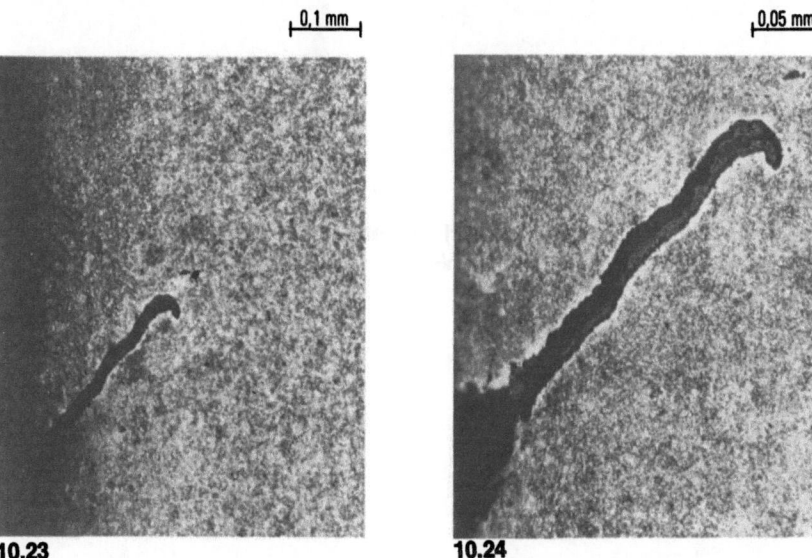

10.23 **10.24**
Bilder 10.23 und 10.24 Anriß, der auf verwalzte Randblase zurückzuführen ist

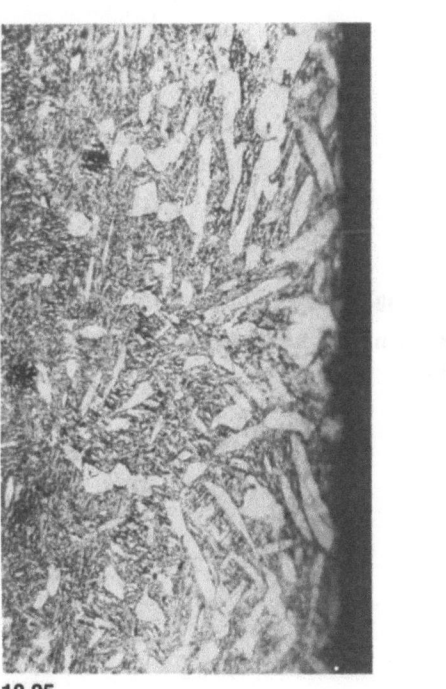

10.25 **10.26**
Bilder 10.25 und 10.26 Gefügeveränderungen infolge leichter Abkohlung in der Randzone eines Ventils

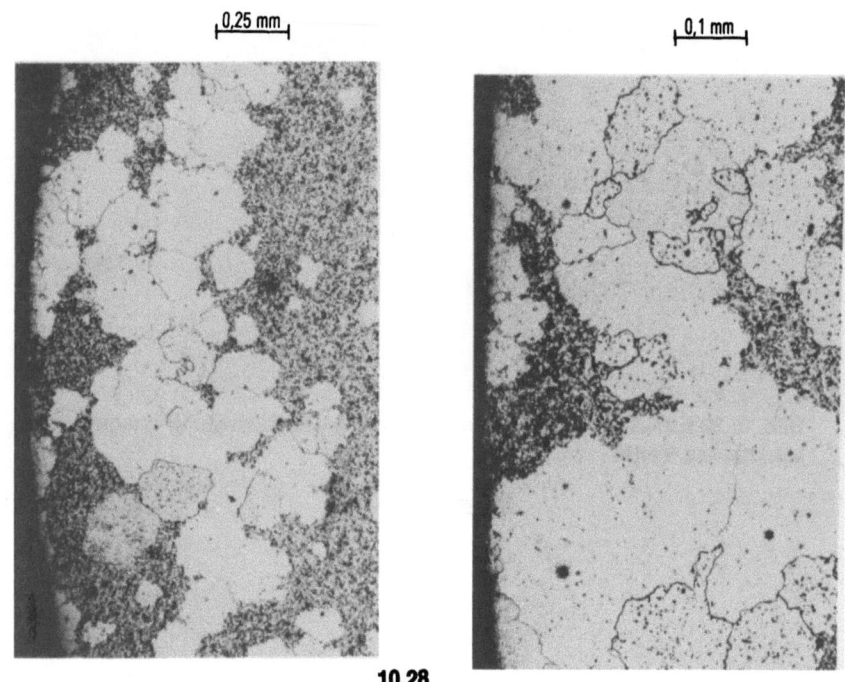

10.27 **10.28**
Bilder 10.27 und 10.28 Ausgeprägte Rekristallisation innerhalb der Ventilrandzone bei Verwendung des Ventilstahls X 45 Cr Si 9 3

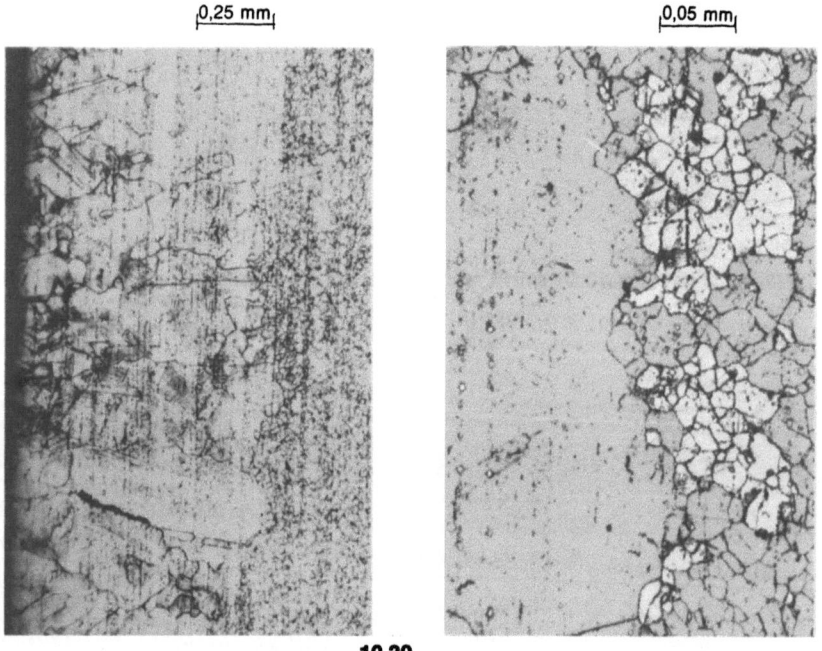

10.29 **10.30**
Bilder 10.29 und 10.30 Grob- und Feinkornzonen sind durch Spannungsgefälle und Wechselbelastungen bruchgefährdet

11 Schlußwort

Die vorangegangenen Beispiele machen deutlich, daß Ventile von Verbrennungsmotoren sehr hohen Ansprüchen genügen müssen. Dies gilt sowohl für die Werkstoff- als auch für die Fertigungstechnik. Die Werkstoffauswahl muß selbstverständlich den zu erwartenden Betriebsbeanspruchungen angepaßt sein. Material von unzureichender Qualität einzusetzen führt unweigerlich zu Ventilschäden, die in den meisten Fällen auch eine kostspielige Motorüberholung erforderlich machen.

Neben der geeigneten Werkstoffauswahl ist eine lückenlose Überprüfung der verarbeiteten Materialien durch gezielte Eingangsprüfung eine Selbstverständlichkeit.

Darüber hinaus muß der gesamte Produktionsablauf ständig überwacht werden. Dank einer sorgfältigen Qualitätssicherung bei TRW Thompson ist der Anteil der Ventilausfälle, der auf Material- bzw. Herstellungsfehler zurückzuführen ist, sehr gering. Durch gezielten Ausbau der Qualitätssicherung wird es möglich sein, diesen Anteil noch weiter zu reduzieren.

Auch die Motorenkonstrukteure und Ingenieure werden in enger Zusammenarbeit mit den Ingenieuren von TRW Thompson bemüht sein, die Lebensdauer der Ventile zu verlängern. Dazu werden die Formgestaltung verbessert, bessere Werkstoffe eingesetzt und alle Teile des Ventiltriebs optimal aufeinander abgestimmt.

Es sei noch erwähnt, daß sich die Untersuchungen von Ventilschäden, die diesem Lehrgang zugrunde liegen, nicht nur auf Erzeugnisse von TRW Thompson, sondern auch auf Ventile anderer Hersteller erstreckten.

Für alle, die in der Praxis mit Ventilen umgehen müssen, hoffen wir, daß dieser Lehrgang dazu beiträgt, das Bauteil „Ventil" von einem bisher weniger bekannten Gesichtspunkt aus zu betrachten. Möglicherweise hilft er dadurch, Ventilschäden zu vermeiden.

Aus dem Programm Kraftfahrzeugtechnik

Technische Lehrgänge für Ausbildung und Praxis

		ISBN
Technischer Lehrgang:	Hydraulik	3-528-04832-8
Technischer Lehrgang:	Kupplungen	3-528-04829-8
Technischer Lehrgang:	Schmierstoffe und Motoren	3-528-C4827-1
Technischer Lehrgang:	Starterbatterie	3-528-04825-5
Technischer Lehrgang:	Gleitlager für Verbrennungsmotoren	3-528-04831-X
Technischer Lehrgang:	Ventile, Schäden und ihre Ursachen	3-528-04836-0
Technischer Lehrgang:	Turbolader	3-528-04826-3
Technischer Lehrgang:	Motorkraftstoffe	3-528-04834-4

In Vorbereitung:

Technischer Lehrgang:	*Stoßdämpfer*	*3-528-04830-1*
Technischer Lehrgang:	*Automatische Getriebe*	*3-528-04828-X*
Technischer Lehrgang:	*Hydraulische Systeme, Berechnungen*	*3-528-04835-2*
Technischer Lehrgang:	*Kolben, Schäden und ihre Ursachen*	*3-528-04833-6*

Fachbücher für die Ausbildung

Kraftfahrzeugtechnik
Technologie für Automobil- und Kraftfahrzeugmechaniker
von W. Staudt (Hrsg.) — 3-528-04302-4

Metalltechnik
Grundbildung für kraftfahrzeugtechnische Berufe
von W. Staudt (Hrsg.) — 3-528-04430-6

Arbeitsblätter Kraftfahrzeugtechnik
von W. Staudt (Hrsg.) — 3-528-04913-8

Elektrische Motorausrüstung
von G. Henneberger — 3-528-06372-6

Fordern Sie ausführliche Informationen direkt beim Verlag an
Friedr. Vieweg & Sohn Verlagsgesellschaft mbH
Postfach 5829, 6200 Wiesbaden

vieweg

If you have any concerns about our products,
you can contact us on
ProductSafety@springernature.com

In case Publisher is established outside the EU,
the EU authorized representative is:
**Springer Nature Customer Service Center GmbH
Europaplatz 3, 69115 Heidelberg, Germany**

Printed by Libri Plureos GmbH
in Hamburg, Germany